普通高等教育农业农村部"十三五"规划教材
普通高等农林院校"十四五"规划教材

植物学实验

邵美妮　主编

中国农业出版社
北　京

图书在版编目（CIP）数据

植物学实验 / 邵美妮主编. —北京：中国农业出版社，2023.5（2024.12 重印）
普通高等教育农业农村部"十三五"规划教材
ISBN 978-7-109-30727-8

Ⅰ.①植… Ⅱ.①邵… Ⅲ.①植物学-实验-高等学校-教材 Ⅳ.①Q94-33

中国国家版本馆 CIP 数据核字（2023）第 092495 号

中国农业出版社出版

地址：北京市朝阳区麦子店街 18 号楼
邮编：100125
责任编辑：宋美仙 郑璐颖 文字编辑：胡聪慧
版式设计：杨 婧 责任校对：刘丽香
印刷：三河市国英印务有限公司
版次：2023 年 5 月第 1 版
印次：2024 年 12 月河北第 2 次印刷
发行：新华书店北京发行所
开本：700mm×1000mm 1/16
印张：11.75
字数：220 千字
定价：27.50 元

编写人员

主　编　邵美妮

副主编　陈旭辉　邱　娟

编　者（按姓氏笔画排序）

　　　　王　丹（天津农学院）

　　　　田　迅（内蒙古民族大学）

　　　　曲　波（沈阳农业大学）

　　　　吕俊辰（大连海洋大学）

　　　　刘景玲（西北农林科技大学）

　　　　孙　权（沈阳农业大学）

　　　　杨　红（大连民族大学）

　　　　吴玉霞（甘肃农业大学）

　　　　邱　娟（新疆农业大学）

　　　　何桂芳（青海大学）

　　　　张风娟（河北大学）

　　　　陈旭辉（沈阳农业大学）

　　　　邵美妮（沈阳农业大学）

　　　　苗　青（沈阳农业大学）

　　　　易　华（西北农林科技大学）

　　　　季春丽（山西农业大学）

　　　　孟祥南（沈阳农业大学）

　　　　黄春国（山西农业大学）

　　　　霍轶琼（山西农业大学）

前　言

植物学是研究植物界和植物体的生活及发展规律的科学，植物学实验课程既与理论教学相互配合、联系，又自成体系，相对独立。

本教材是编者根据全国高等农业院校植物学教学大纲，总结多年的植物学实验教学经验，参考国内外有关著作、论文，并整理一些新的实验方法和内容编写而成。

本教材分为显微镜与植物学实验技术、植物学基础实验和植物标本馆的建设与管理三大部分，并附有国内外主要标本馆和植物园、国家标本资源共享平台、基于虚拟实景的植物学分类实习教学系统和基于微信小程序的植物学实验教学辅助系统的介绍。显微镜与植物学实验技术部分详细地介绍了显微镜的相关知识和植物制片技术、绘图技术以及摄影技术。植物学基础实验部分包括植物细胞、植物组织、被子植物营养器官和生殖器官的形态与结构、植物界的基本类群（主要介绍藻类植物、菌类植物、地衣植物、苔藓植物、蕨类植物和裸子植物）、被子植物分科等，与理论课程内容密切相关，以巩固基础知识为目的，培养学生理论联系实际的能力。此外，每个实验后均设置了课堂作业和思考题，帮助学生巩固复习，让学生开动脑筋、积极思考，以培养学生的科学研究能力和创新能力。植物标本馆的建设与管理以及附录部分主要是为了拓宽学生的视野，让学生熟悉相关平台建设，了解植物学专业领域的最新进展。

为使学生了解所观察的材料，本教材精选图片300多幅，全部为编者拍摄的真实图像。而且为适应信息化教学，加强学生自主学习的能力，附录中介绍了2个教学辅助系统。

本书的编写得到沈阳农业大学、大连海洋大学、大连民族大学、甘肃农业大学、河北大学、青海大学、山西农业大学、天津农学院、西北农林科技大学、新疆农业大学、内蒙古民族大学等多所高校的大力支持和帮助，在此深表感谢；也诚挚地感谢所有参加、关心、支持与帮助本书编写的所有老师。

　　本书可作为高等农林院校农学、园艺、林学、植物保护和生物科学等专业的植物学实验教材，也可作为相关专业人员的参考书。在本书的编写过程中，编者几易其稿，精益求精，但仍存在不足之处，恳请广大读者批评指正，以便进一步改进提高。

编　者

2022 年 12 月

植物学实验室规则

1. 植物学实验是植物学教学中理论联系实际的重要环节，是培养学生动手能力和独立操作能力的重要手段。每次实验前学生要认真预习，明确实验目的，了解实验内容和方法，以保证实验的顺利进行。

2. 实验时，以《植物学实验》教材为指南，按照指导教师的讲解，认真进行操作和观察，以确保获得正确的实验结果。

3. 认真完成实验作业。绘图要认真细致，按实际观察结果绘图，不得抄袭挂图或插图。

4. 爱护实验室内一切仪器设备。显微镜等贵重仪器，在实验前和实验后要全面检查，仪器设备如有故障或损坏，应及时向指导教师报告。严禁私自拆卸仪器和调换仪器附件。

5. 使用各种试剂时要注意节约。

6. 实验结束后，仪器、切片和实验工具等要擦净并整理好，放回原处。

7. 由于操作不当等原因造成仪器设备损坏的，按学校有关规定处理。

8. 遵守实验室纪律，保持室内肃静，不准随意乱刻乱划。实验完毕后，由学生负责轮流清扫实验室。

9. 不得迟到、早退或随意缺课，有事、有病要履行请假手续。

目 录

第一篇

显微镜与植物学实验技术

本部分包括显微镜的构造和使用、植物制片技术、植物绘图技术和植物摄影技术。

第一章　显微镜的构造和使用

显微镜的种类很多，一般从光源结构角度可以将显微镜分为光学显微镜和电子显微镜两大类。光学显微镜是以可见光作光源，用玻璃制作透镜的显微镜。电子显微镜是使用电子束作光源的一类显微镜，因电子显微镜的结构复杂，造价高，目前尚不能普遍使用。实验室中常用的光学显微镜有生物显微镜和体视显微镜。

一、生物显微镜

生物显微镜是研究植物细胞结构、组织特征和器官构造的重要工具。因此，每个学生都必须了解和掌握生物显微镜的构造、使用和维护方法。

（一）成像原理

生物显微镜是利用光学的成像原理观察植物体结构的仪器。首先，利用反光镜将可见光（自然光或灯光）反射到聚光器中，把光线汇聚成束，穿过玻片标本，进入物镜。因此，观察的玻片标本要很薄（一般为 $8\sim10~\mu m$），这样光线才能够穿透标本。然后，标本在物镜焦点上，通过物镜形成倒立的放大实像，目镜对这一倒立的实像再次放大，在明视距离（对人眼来说约 250 mm）处形成一个虚像，其放大倍数是物镜与目镜的倍数之积。

（二）基本结构

以 Motic 生物显微镜（BA210）为例，生物显微镜的构造主要分为机械装置和光学系统两部分（图 1-1-1）。

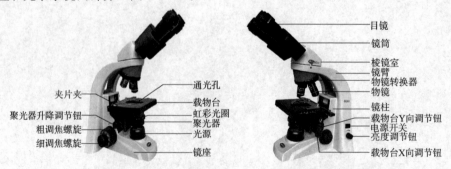

图 1-1-1　Motic 生物显微镜的（BA210）基本结构

1. 机械装置

（1）镜座　镜座位于显微镜的最下方，是显微镜的底座，支持整个镜体，起稳固作用。

（2）镜柱　镜柱为垂直于镜座上的短柱，用以支持镜臂。

（3）镜臂　镜臂是显微镜中部呈弓形结构的部分，一端连于镜柱，一端连于镜筒，是取放显微镜时手握的部位。镜臂多为固定式，活动式的镜臂可改变角度。

（4）镜筒　镜筒位于镜臂的前方，上端装有目镜，下端和棱镜室相连。

（5）物镜转换器　物镜转换器又称旋转盘，是位于镜筒下端的一个可旋转的凹形圆盘，可安装 3～4 个放大倍数不同的物镜镜头。在使用不同倍数物镜时，可直接转动物镜转换器调换不同倍数的物镜，当听到"咔"的声音时，方可进行观察，此时物镜光轴恰好对准通光孔中心，光路接通。

（6）载物台　载物台是位于镜臂下面的平台，也称工作台或镜台，用以放置玻片标本，其上安有标本移动器，可纵向和横向移动玻片。载物台中央有一通光孔，光线可以从通光孔由下向上通过。

（7）调焦螺旋　调焦螺旋位于镜柱的两侧，为调节焦距的装置，调节时可使载物台作上下方向的移动。调焦螺旋分粗调焦螺旋和细调焦螺旋 2 种。

①粗调焦螺旋：移动时可使载物台作快速或较大幅度的升降，能迅速调节物镜和标本之间的距离，使物像呈现于视野中，适于使用低倍镜观察时调焦，可迅速找到物像。

②细调焦螺旋：移动时可使载物台缓慢地升降，一般在低倍镜下，使用粗调焦螺旋找到物体后，在高倍镜和油浸物镜下使用细调焦螺旋进行焦距的精细调节，从而得到更清晰的物像，并借以观察标本的不同层次和不同深度的结构。

2. 光学系统

（1）物镜　物镜安装在镜筒下端的物镜转换器上，可将物体第一次放大成倒像，是决定显微镜成像质量和分辨能力的重要部件。物镜一般有 4 个不同的放大倍数，即低倍镜（4× 和 10×）、高倍镜（40×）和油浸物镜（简称"油镜"）（100×），使用显微镜时可根据需要选择。物镜镜头上除了注明放大倍数外，通常还标有数值孔径、镜筒长度、焦距等主要参数。如 NA 0.25　40× 160/0.17　8 mm。其中"NA 0.25"表示数值孔径（numerical aperture, NA），"40×"表示放大倍数，"160/0.17"分别表示镜筒长度（mm）和所需盖玻片厚度（mm），"8 mm"表示焦距。

（2）目镜　目镜装于镜筒上端，只起放大作用，不能增强显微镜的分辨力。目镜上面一般标有 7×、10×、15× 等放大倍数，可根据需要选用目镜。一般目镜与物镜放大倍数的乘积为物镜数值孔径的 500～700 倍，最大不能超过 1 000 倍。目镜内有时装有一指示针，用以指示要观察的某一部分。

一般情况下，显微镜放大倍数是物镜放大倍数与目镜放大倍数的乘积，如物镜为 10×，目镜为 10×，其放大倍数就为 10×10＝100 倍。

（3）光源　光源通常安装在显微镜的镜座内，通过亮度调节钮来控制。老式显微镜采用位于载物台下面、镜柱前方的一面可转动的一平一凹圆形双面镜，将来自光源的光反射给聚光器。平面镜适于光线较强时使用，凹面镜聚光力强，适于光线较弱时使用。转动反光镜，可将光源反射到聚光镜上，再经载物台中央通光孔照明标本。

（4）聚光器　聚光器位于载物台下面，由聚光镜和虹彩光圈组成，具有汇聚光线的作用。聚光镜由透镜组成。调节聚光器升降调节钮，聚光器下降，光线减弱；聚光器上升，光线加强。用高倍镜时，视野范围小，光线暗，则需上升聚光器；用低倍镜时，视野范围大，光线强，可下降聚光器。虹彩光圈位于聚光镜上方并与其连接在一起，由十几张半月形金属片组成，中心形成圆孔。推动光圈手柄，可调节其光圈的大小，光圈开得愈大，通过的光束愈多，光线愈强；光圈关小时，则光线减弱。

（三）使用方法

1. 准备　从显微镜镜箱中取出显微镜，取镜时右手握住镜臂，左手平托镜座保持镜体直立，不可倾斜或单手提显微镜。将显微镜安置在座位左侧离桌边 5 cm 左右。

2. 对光　打开电源开关，具体步骤如下：

①旋转粗调焦螺旋，使物镜转换器下端与载物台调至一定距离；然后转动物镜转换器，使低倍镜对着载物台中央的通光孔。

②旋转聚光器升降调节钮，使聚光器上升到稍低于载物台平面的位置。

③拨动光圈手柄，将光圈打开。

④旋转亮度调节钮，使视野达到适宜的亮度。

3. 装片　取欲观察的标本，擦拭干净后放在载物台上，用夹片夹卡住玻片，使玻片中的材料对准载物台的通光孔正中间。

4. 观察

（1）低倍镜观察　将玻片中的材料对准载物台通光孔后，转动粗调焦螺旋使低倍镜镜头与玻片距离为 0.5 cm 左右（注意下降镜筒时，应从显微镜侧面观察并逐渐下降，不要下降太快或太低，以免碰坏玻片或镜头）；双眼对准目镜观察，并逆时针方向慢慢转动粗调焦螺旋，使载物台下降或镜筒上升至物像清晰为止。若物像不在视野中央，可通过载物台 X 向和 Y 向调节钮移动玻片，调到合适位置后观察。如一次调节看不到物像，应重新检查材料是否放在中轴线上，重新移正材料，再重复上述操作过程，至物像出现和清晰为止。

如果图像细微结构不是十分清晰，可使用细调焦螺旋，轻轻转到物像最清晰为止。但切忌连续转动多圈，以免损伤仪器的精确度。当细调焦螺旋向上或向下转到了极点时，千万不能再硬拧，而应重新调节粗调焦螺旋。

（2）高倍镜观察　使用高倍镜观察时，一定要先在低倍镜下找到要观察的标本物像，并把要放大的部分移至视野中央，同时调节到最清晰程度。若用高倍镜看不到或看不太清物像时，可用细调焦螺旋微微调节。

使用高倍镜观察时要注意：不能直接用高倍镜观察；不能用粗调焦螺旋调节；当低倍镜换成高倍镜时，视野光线变暗，需要进一步调节照明系统；高倍镜观察完毕，应立即转开镜头，以免与玻片相碰；如果需要更换玻片标本，必须先转动粗调焦螺旋使载物台下降后，方可更换。

（3）油浸物镜观察　首先，在低倍镜下找到所要观察的部位，把要放大的部分移至视野中央，同时调节到最清晰程度，然后用高倍镜进行观察。再用粗调焦螺旋将镜筒提起约 2 cm，并将高倍镜转出。在玻片标本镜检部位滴上一滴香柏油，将油浸物镜镜头转到观察部位上方，然后徐徐下降，使镜头浸入油滴中，但尚未与玻片表面接触。用目镜观察，同时向上或向下慢慢调节细调焦螺旋，直到看清物像为止。观察结束后，上升油浸物镜镜头并移开光轴，先用脱脂棉拭去镜头上的油，然后用脱脂棉蘸少许清洁剂擦去镜头上残留的油迹，切忌用手或其他纸擦镜头，以免损坏镜头。

5. 复原　将标本取下，使载物台下降到最低位置；转动物镜转换器，使 2 个物镜位于通光孔的两侧；将电源亮度调到最低，关闭电源开关，罩上防尘罩。

（四）显微镜的保护

显微镜是一种结构很精密的仪器，为了充分发挥显微镜的性能，避免发生故障，延长使用期限，除严格按照操作步骤使用外，还应注意下列几点：

①搬动显微镜时必须用双手，一手紧握镜臂，一手托住镜座，轻取轻放，防止震动，以免零件脱落或碰撞到其他地方造成损坏。

②显微镜如有不灵活之处，切不可用力扭动，也不能拆卸，应由专业技术人员进行处理。

③光学部分用擦镜纸轻轻擦拭，若模糊不清时，可用擦镜纸蘸少许清洁剂擦拭，切忌口吹、手抹或用布擦。

④尽量避免潮湿或灰尘，以免影响镜头的清晰度。如果发现有灰尘，机械部分可用绒布或纱布擦去，光学部分按上述③方法处理。

⑤放置玻片标本时要对准通光孔中央，且不能反放玻片，防止压坏玻片。

⑥不要随意取下目镜，以防止尘土落入物镜；也不要随意拆卸各种零件，以防损坏。

⑦用高倍镜观察标本时，必须先用低倍镜观察，调节焦距，观察到清楚的物像后，再换高倍镜，缓慢调节细调焦螺旋，直至物像清楚为止。高倍镜的工作距离较小，操作时要非常小心，以防损坏物镜、压碎玻片。

⑧使用油浸物镜观察时，一定要在盖玻片上滴油后才能使用，用毕应立即将油擦干净。

⑨显微镜使用完毕后，必须复原才能放回镜箱内，其步骤是：取下玻片标本，转动物镜转换器使镜头离开通光孔，下降载物台和聚光器（但不要接触反光镜），使夹片夹回位，将显微镜擦拭干净，盖上防尘罩，放回显微镜镜箱内。

二、体视显微镜

体视显微镜又称解剖镜，被检物体可不经过切片，直接在镜下观察，显示出立体的形态特点，弥补了一般生物显微镜的不足，能对材料进行整体观察。因此，在生物实验室中常用于植物（或其他生物）的形态观察和解剖。

（一）成像原理

体视显微镜的光学系统是由 1 组大物镜、2 组可变倍的伽利略望远镜、1 组小物镜、目镜和斯密特棱镜等部分组成。光学系统的左右两部分同装于一个机构中。被检物经调焦后，处于大物镜的焦点平面上，成像在无限远处，平行光束经伽利略望远镜系统后仍为平行光束，此光束被小物镜收敛并被斯密特棱镜转向后，在目镜焦点平面成正像以便于观察，再经目镜二次放大，有连续变倍的功能。

（二）基本结构

以 OLYMPUS 连续变倍体视显微镜为例，体视显微镜是由机械装置和光学系统两大部分组成。机械装置由镜座、载物台、镜柱、调焦螺旋和变焦距圈等组成；光学系统由变倍物镜、棱镜室、目镜等组成（图1-1-2）。

（三）使用方法

①将所要观察物体或标本放在载物台中心。

②扳动左、右目镜镜座，调整两目镜间距（根据使用者双目距离而定），使两眼的视野重合，便于观察。

③转动变焦距圈，调节放大倍数。

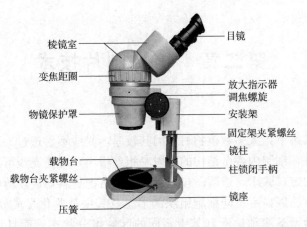

图 1-1-2 OLYMPUS 连续变倍体视显微镜的基本结构

④调节调焦螺旋，至物像清晰为止。

（四）维护与保养

①应置于阴凉、干燥、无灰尘、无酸碱蒸汽的地方。

②透镜表面有灰尘时，切勿用手擦，可用洗耳球吹去或用干净的毛笔轻轻擦去。

③透镜表面有污秽时，可用脱脂棉蘸少许清洁剂轻轻擦去。

另外，倒置显微镜的组成和体视显微镜一样，只是物镜在载物台之下。倒置显微镜供医疗卫生单位、高等院校、研究所用于微生物、细胞、组织培养、悬浮体和沉淀物等的观察，可连续观察细胞、细菌等在培养液中繁殖分裂的过程，并可将此过程中的任一形态拍摄下来，在细胞学、寄生虫学、肿瘤学、免疫学、遗传工程学、工业微生物学和植物学等领域中应用广泛。

第二章　植物制片技术

在自然状态下，大多数植物材料因其较厚，光线不易透过，不适合用显微镜观察。另外，细胞内各个结构的折射率相差很小，即使光线可透过，也难以辨别。经过固定、脱水、透明、包埋等程序后可把材料切成较薄的片子，再用不同的染色方法以显示不同细胞组织的形态及其中某些化学成分含量的变化，就可以在显微镜下清楚地看到其中不同的区域组分状态，而且切片也便于保存。所以植物制片技术是教学和科研中常用的方法。

在实践中，人们从不同角度（根据植物材料的性质、大小、薄厚、保存时间、切片厚度及制片的难易程度等）将制片分成各种类型。

一、制片类型

根据制片保存期限，将制片分为临时制片和永久制片。

（一）临时制片

新鲜植物材料不经固定、染色、脱水、包埋等复杂程序，直接将材料放在载玻片水滴中，加盖玻片，以供暂时观察研究之用，观察完可以弃掉。该制片操作快速简便、不受设备条件的限制，而且可保持植物材料的生活状态；缺点是不能长期保存。在植物学研究中临时制片是不可缺少的技术，应用极广。

制作植物材料临时制片时，首先，擦净载玻片和盖玻片；然后，用玻璃滴管吸水，滴一滴在载玻片的中央，将所观察的材料置于载玻片上的水滴中；最后，右手持镊子，轻轻夹住盖玻片，使盖玻片边缘与材料左边水滴的边缘接触，然后慢慢向下落，放平盖玻片（这样可使盖玻片下的空气逐渐被水挤掉，以免产生气泡）。如果盖玻片下水分过多，则材料和盖玻片容易浮动，影响观察，可用吸水纸条从盖玻片的侧面吸去一部分水。如果水未充满盖玻片，容易产生气泡，可从盖玻片的一侧再滴蒸馏水将气泡驱走，即可进行观察。

（二）永久制片

永久制片能长期保存，这类制片通常经过固定、脱水、透明、包埋、切片、染色，最后用树胶等封固剂封片，大部分制片法都属于此类。

二、制片方法

根据植物材料大小、薄厚，将制片方法分为非切片法与切片法两大类。

（一）非切片法

对于某些新鲜而柔嫩的植物材料，不用刀切，仅进行简单处理即可进行观察的方法是非切片法。其优点是组织的各个部分不被切断，保持原有的形态，制作方法比较简单，一般多作临时观察使用。非切片法常用方法如下：

1. 铺片法　铺片法主要用于植物组织的表皮层观察。如用尖头镊子撕去一小块洋葱表皮，迅速平铺在载玻片的水滴上（也可用染色剂），盖上盖玻片，制成临时水装片。

2. 整体装片法　整体装片法适于一些形体较小的低等植物，如单细胞和群体藻类、真菌丝状体、蕨类原叶体和表皮细胞、孢粉、胚胎及花药等材料，不需切片，把整个植物或一部分器官封固在适宜的封固剂中。这种制片既可以明显地表现出某器官的全部特性，又可以把许多容易破碎的植物体很好地保藏起来。如用镊子撕取一片提灯藓叶，放在滴有蒸馏水的载玻片上，加上盖玻片，即制成临时水装片。

3. 压片法　压片法是利用物理、化学或酶解等手段将组织解离后，稍加压力即可将植物材料中的细胞彼此分离，主要用于染色体观察、染色体计数、组型分析或细胞分裂过程观察等，是细胞学最基本的方法之一。材料多属于植物幼嫩部分，如根尖、茎尖和花药等。如取一处理过的洋葱根尖放在载玻片上，用镊子夹碎成若干小块，加一滴醋酸地衣红，染色 10～20 min，用吸水纸将染料吸去，加一滴清水，盖上盖玻片，朝一个方向压散根尖，使组织散成一薄片，即制成临时水装片。

4. 离析法　离析法是利用物理方法或化学药剂将植物组织中的细胞逐一分离开来，以便在显微镜下观察细胞的立体形态结构，如观察木材、纤维和石细胞等。首先用刀片将植物材料切成火柴棍粗细的细条，放入盛有离析液的试管中（木本植物用铬酸-硝酸离析液，草本植物用盐酸-草酸铵离析液），加热直至发生气泡、植物材料变白，倒去离析液，并用清水清洗 4～5 次，然后置于培养皿中，挑取少量浸离的植物材料，放在滴有蒸馏水的载玻片上，加上盖玻片，即制成临时水装片。

（二）切片法

切片法是用切片刀或刀片将各种组织切成薄片制成玻片标本的方法。植物学实验中常用的切片法有徒手切片法和石蜡切片法等。

1. 徒手切片法　徒手切片法是用刀把新鲜植物材料切成薄片，制成临时水装片，用以观察组织细胞的生活状态，也常用此法进行组织的显微化学鉴定。为了成功地切片，应掌握正确的用刀方法。一般用左手的大拇指、食指和中指3个手指捏住材料，使材料突出在指尖之上，避免切片时割伤手指；用右手平稳地拿住剃刀，把刀口放在经解剖刀削平的材料平面中间，轻轻地压住它，从剃刀刀口下方起，斜着向后匀速拉切。切时要用臂力而不是腕力，并且不必太用力，否则就不易切薄。在切的过程中，绝不能以剃刀直接挤压材料，或以剃刀来回拉割材料，并且要始终保持材料与剃刀在水平状态，否则会由于切面偏斜而影响观察。切下的切片应该薄而透明，形状则不要求非常完整，可以用刀不同的部位一次做几个切片，然后用蘸水的毛笔取下切片，放在滴有蒸馏水的载玻片上，加上盖玻片，制成临时水装片进行观察。

此法用具简单，方法简便，能及时观察植物生活组织结构和颜色，而且不需用切片机等贵重仪器，是植物学研究中最普遍应用的一种制片方法。其缺点是切片厚度往往不均、切片不完整，而且太大、太小、过硬或过软的材料在切片时都受到限制。

2. 石蜡切片法　植物大而厚的组织是不能直接置于显微镜下观察的，必须进行切片制作。石蜡切片法是用石蜡浸透到组织中进行包埋，然后用旋转切片机将蜡块切成薄片而制成切片，是较常用的植物组织制片方法。石蜡切片的基本程序：取材与分割→固定→洗涤→脱水→透明→浸蜡与埋蜡→切片→粘片→脱蜡→染色→脱水→透明→封片。

（1）取材与分割　植物制片材料的选取，应根据观察的目的而定，要求具有典型性和代表性。在取材过程中要保持植物体的原状，尽可能不损伤植物体，尤其是所需要观察的部分。植物材料进行处理前，根据器官的形状和大小应进行必要的分割。分割块的大小，应在达到观察目的的前提下，宜小不宜大，通常最大不应超过 1 cm^3。分割时刀要锋利，材料不能挤压变形，为了防止材料萎蔫，要求取材、分割动作敏捷，分割后立即进行杀死和固定。

（2）固定　为了使材料保持原来的生活状态，材料分割后应立即进行固定，杀死细胞，使细胞的原生质凝固，以免使组织结构发生萎缩或分解。常用的混合固定剂如下：

①福尔马林-醋酸-酒精液（FAA）。

配方：50%（或70%）酒精　　　　　90 mL

　　　冰醋酸　　　　　　　　　　　5 mL

　　　福尔马林（30%～40%甲醛）　5 mL

FAA 可固定植物的一般组织，是一种应用较普遍、效果较好的固定液，也是较好的保存剂，材料在此固定液中可保存2～3年。另外，经 FAA 固定的材料，不需要洗涤，可直接进行下一步的脱水过程。

②卡尔诺（Carnoy's）固定液。

配方1：	纯酒精	3 份
	冰醋酸	1 份
配方2：	纯酒精	30 mL
	氯仿	5 mL
	冰醋酸	1 mL

较小植物材料固定时间一般为 1~2 h，不宜过长。卡尔诺（Carnoy's）固定液不能作保存液，固定后材料要先进行洗涤，再进行脱水和保存。

（3）洗涤　植物材料固定后，固定剂继续留在组织中，易破坏组织，必须要清洗。

（4）脱水　植物材料中含有水，水与石蜡不能混合，必须脱水。用酒精脱水，材料由水入酒精中，不能操之过急，须由低浓度酒精渐至高浓度酒精，顺序通常为 30%、50%、70%、85%、95%、100%，每次需经 1 h。植物材料大的，时间须延长。

（5）透明　植物材料脱水后，材料中含酒精，酒精与蜡也不能混合，仍须除去。除酒精通常用二甲苯。材料由酒精入二甲苯，最好也渐次进行，先经纯酒精和二甲苯混合液，再入纯二甲苯中，纯二甲苯须换 1~2 次才行，时间每次 1 h。二甲苯有透明的作用，所以又称为透明剂。

（6）浸蜡与埋蜡　植物材料脱酒精后，依次进行浸蜡和埋蜡。浸蜡宜渐次进行，一般先用石蜡和二甲苯的混合液浸蜡，再用纯石蜡浸 3 次，每次的时间视材料大小而定，通常每次 1 h，材料大的，时间必须加长。浸蜡后，须将材料封埋在蜡块中，通常以磅纸折成纸盒。在盒内底上，用软铅笔写明材料及日期等，然后把熔化的石蜡倒入盒内，将材料移入纸盒中，依所要切的方向排列，再以两手平持纸盒，移至冷水（放有冰块）中，用嘴在蜡面上吹气，促其凝结，待石蜡面凝成薄层时，将纸盒全部沉入冷水中。石蜡冷凝后，将纸撕去，即获蜡块，至此埋蜡完成。

（7）切片　先将冷凝的蜡块切成小块并修成梯形，粘固在切片机载蜡器上；再安装切片刀，刀的斜度非常重要，最好用先切除的蜡块试刀，以确定刀的斜度（以 5°~8° 为宜），一经调度适合后，就不要随便变动，以免再次试刀；修整蜡块，呈矩形，刀片斜度调好后，将刀片移近蜡块，使小蜡块的下边与刀锋平行，然后把它固定，再转下蜡块；最后根据需要，调整并控制切片厚度。上述 4 个步骤完成后，就可进行切片，将切出的蜡片平展于硬纸板上，以供粘片。

（8）粘片　需要用粘片剂将蜡片粘贴在载玻片上，然后熔去石蜡，才能对材料进行染色等工作。在彻底清洁的载玻片上，涂薄薄一层粘片剂（用量绝对不可多），然后滴一点漂浮剂，用针或解剖刀轻轻将切成薄片的蜡片（材料）放在液面上，再置于温台上，蜡片受热后慢慢平展，用针调整其位置，再用吸水纸将多余的水吸去，待表面烤干后，摆入切片盘，放室温阴干或 30 ℃温箱加速干燥（注意：背面即蜡片的光面与载玻片相粘贴比较牢固）。常用粘片剂有下列 2 种：

①豪普特（Heupt）粘片剂：这种粘片剂不仅用于蜡片的粘贴，而且适用于单胞藻类或花粉的粘片。其配方为：明胶（粉状）1 g，蒸馏水 100 mL，石炭酸 2 g，甘油 15 mL。

先将称好的粉末状的明胶加入 36 ℃的 100 mL 蒸馏水中，待全部溶解后，再加入 2 g 石炭酸结晶和 15 mL 甘油，用玻璃棒搅拌，使之完全溶解后，过滤贮存于小型磨口瓶中。此种粘片剂用 3%～4%的福尔马林溶液作漂浮剂。

②迈耶（Meyer）粘片剂（梅氏粘片剂）：此为普通的粘片剂，为动物制片常用，易着色。其配方为：鲜蛋白 25 mL，甘油 25 mL，防腐剂（水杨酸钠、麝香草酚或石炭酸）0.5 g。

取鲜蛋白放入烧杯内，先加甘油，再加防腐剂，然后用玻璃棒搅匀。放置半天后用多层纱布过滤，滤液贮于瓶中后方可使用。其缺点是保存时间短，2个月后要换新鲜的，否则易失效。漂浮剂用蒸馏水。

（9）脱蜡　玻片烘干后，须将蜡脱去，才能染色。脱蜡用二甲苯，再经酒精入水中，而后染色，其顺序如下：二甲苯→二甲苯→1/2 二甲苯＋1/2 100%酒精→100%酒精→95%酒精→85%酒精→70%酒精→50%酒精→30%酒精→水（以上每级需 5～10 min）。

（10）染色　染色的方法很多，植物组织常用番红固绿对染法。应用该种染色方法时，之前的脱蜡酒精浓度下降到 70%即可，可以省略一些步骤。番红为 0.5%～1%的酒精溶液（50%或 70%），固绿为 0.5%～1%的酒精溶液（95%）。番红染色需要持续 12～24 h；固绿着色能力强，一般需要染色30 min 左右。

（11）脱水、透明　染色后的材料进行脱水的时间要短，因为酒精有褪色的作用。用二甲苯透明。

（12）封片　封片的目的有 2 个：一是将已经透明好的材料保存在适当的封固剂中，以便进一步观察研究；二是在透明的基础上，选择适宜折光率的封固剂，可使材料在显微镜下能清晰地显示出来。常用的封固剂为加拿大树胶，它的折光率为 1.52，与玻璃（1.51）很接近，因此观察所封的切片较清晰。

封片方法：①准备好清洁的盖玻片、镊子、树胶、白布等。②用白布小心擦拭已经透明好的带有标本的载玻片，并在其上滴一滴加拿大树胶。③用镊子夹持一清洁盖玻片，一端先与树胶滴接触，然后缓缓放下盖玻片，使整个树胶充满盖玻片。④ 将封好的切片放至烤片夹内，放入温箱（40 ℃）中烘干。

从脱蜡到封片的整个过程如下：二甲苯（脱蜡）→二甲苯（脱蜡）→1/2 二甲苯＋1/2 100％酒精→100％酒精→95％酒精→85％酒精→70％酒精→番红染色→70％酒精→85％酒精→95％酒精→固绿染色→95％酒精→100％酒精→100％酒精→1/2 二甲苯＋1/2 100％酒精→二甲苯→二甲苯→封片。

3. 滑走切片法　其性质与徒手切片法相似。由于滑走切片法使用滑走切片机切片，因此可以获得一定厚度和完整、均匀的切片，弥补了徒手切片法的不足。滑走切片法适用于木材或硬组织切片，不需要埋蜡过程，但也可切埋蜡的材料。当木材的质地十分坚硬时，可利用甘油酒精法、氢氟酸法或醋酸纤维法进行软化处理后，再行切片。此法缺点是不能连续切片。

4. 冰冻切片法　冰冻切片法适用于含水较多的材料。新鲜材料不经固定脱水，直接利用制冷装置将材料迅速冻成冰块，然后用滑走切片机切片。此法制片速度快，能保持材料的生活状态，可进行组织化学鉴定或快速诊断医学上的病症。此法缺点是切片较厚，不能连续切片。

5. 火棉胶切片法　火棉胶切片法是利用一种火棉胶将材料埋蜡后进行切片的方法。由于火棉胶价格昂贵、操作过程所需时间较长、不能切成连续切片等缺点，目前已不经常采用。但对于一些质地十分坚硬（如木材、种子等）、脆而易折或过软的植物材料，如用火棉胶法制作，则能获得良好的效果。

（三）电子显微镜制片

根据切片的厚度和观察方法不同，制片可分为光学显微镜制片和电子显微镜制片。光学显微镜制片一般用石蜡包埋，普通切片机切片，切片厚度在5～20 μm，用光学显微镜观察。电子显微镜制片可分为半薄制片和超薄制片。

1. 半薄制片　比法用锇酸、戊二醛作为固定剂，不仅植物组织形态保存完整，而且细胞内的细微结构也能真实地显现；另外，此法利用环氧树脂和塑料代替石蜡包埋材料，可以切取 0.5～1.0 μm 厚的光学切片。

半薄制片通常有环氧树脂制片和甲基丙烯酸缩水甘油酯（GMA）制片 2 种。GMA 常用于各种组化测定、荧光、免疫等微观试验观察。由于切片薄，分辨水平有很大程度的改善，因此在各项精确研究和摄制高分辨率光学照片上具有重要价值。用环氧树脂半薄切片的优点在于，它既可用超薄切片法将包埋块切成半薄切片，置于光学显微镜下观察，为超薄切片前的精选和定位，又可在此基础上将包埋块利用超薄切片法制片进行电子显微镜观察，缺点是不能进行更多的组化测定。

2. 超薄制片　用透射电子显微镜来观察植物细胞的超微结构时，必须把材料制成超薄切片，即切片的厚度不能超过 $0.1\ \mu m$，一般以 $0.05\ \mu m$ 左右较为适宜。这是由于电子显微镜的光源是电子束，其穿透能力较弱并且具有高分辨率的特点。因此，超薄制片技术是电子显微镜样品制备中最常用、最基本的技术。超薄制片的基本原理与石蜡切片法基本相似，但由于电子显微镜的放大倍数高，分辨力强，要求材料要小、切片要薄。因此，切片仪器较精密，切片步骤更完备，操作要求精确、严格。

扫描电子显微镜样品制作有 2 点要求：一是为了方便表面形貌的观察，需保证样品尽可能不改变生活时的立体形态；二是为了获得必要的衬度，需要使样品表面具有发射二次电子和反射电子的良好性质。所以，制备的关键是干燥和喷涂。扫描电子显微镜具有分辨率高、图像立体感强、景深大的特点，样品适用广泛，样本制作简单。在生物研究中，主要用于各种不同水平的表面形态观察。

显微制片技术虽是生物学中基本的操作技术，但由于生物材料的个体差异、化学试剂的多样性，操作技术相当细致而复杂，方法也很多，每一步骤的失误都可导致整体的失败，因此需要耐心细致，不断总结经验，才能有所结果。

第三章　植物绘图技术

植物绘图是一种科学记录方法，它通过绘图的方式，能形象生动地表现植物形态结构的特征，其和文字记载起着相互补充的作用。因此学习并掌握植物绘图技术，对于我们研究植物是必不可少的。

一、植物绘图的特点和要求

植物绘图以研究植物为出发点，要求所绘的图要真实反映植物的形态特征，既强调其科学性、正确性和真实性，同时也要形象、生动、美观。所以，要绘好植物图，必须具备植物学的知识，对所绘植物的各部分要进行深入细致的观察和研究，了解其特征，并了解和掌握绘制植物图的方法和具体要求。即植物绘图要求具备高度的科学性和真实感，形态正确、比例适当、清晰美观。

（一）科学性和正确性

1. 形态　如绘一片叶子，必须绘出正确的叶形、叶尖、叶基、叶缘、叶柄、托叶以及叶表面毛的所属类型等。

2. 比例　所绘图的植物各部分器官或组织（内部结构图）之间的比例要正确。如绘一朵花，要注意雄蕊与雌蕊的长短比例，萼片与花瓣大小的比例关系。绘根的解剖构造图，要注意皮层与中柱之间的比例关系以及各部分细胞大小的比例关系。此外，所绘图的放大或缩小，都要用"比例法"表示出与原物体大小的比例，使看图的人明白所绘图是放大还是缩小，以便更容易地了解原物体的真实大小和形象。

3. 倍数　描绘显微镜图，必须正确反映放大倍数，因为在显微镜下放大倍数不同，所看到的物体形象和外貌常有差异。

4. 色彩　如绘彩色图，就要正确反映实物的色彩，因为色彩能表现某些物种或品种的特征，在物种或品种的鉴别上具有重要作用。

此外，绘图时还要表现出植物生长时的自然姿态，如花、果实的下垂或挺立的姿态，叶子开展的姿态，茎、秆挺直、弯曲、缠绕或攀缘的姿态等。

（二）真实感

真实感包括质感和立体感两方面。质感是要绘出物体的薄、厚、光滑、粗糙、柔软和坚硬等区别。立体感是要表现出它的立体形象，即在画面上要表现出植物各部分的远近、疏密和层次等。

（三）精细而美观

绘植物图既要一丝不苟，又要力求美观。首先要注意对植物材料的取舍和画面的布局，以达到既不失其科学性、真实性，同时又给人以美感的目的。在绘画的全过程中，始终要注意线条美，其次要有风格。

如要绘出版物的插图，还要了解和掌握适合于制版的标准。如线条的粗、细、疏、密，版面的清晰与否等，都要以制版后的清晰程度为标准。

二、植物绘图的方法

①根据绘图纸张大小和绘图的数目，安排好每个图的位置及大小，并留好注释文字和图标题的位置。

②将图纸放在显微镜右方，依观察结果，先用 HB 型铅笔轻轻勾出一个轮廓，确认各部分比例无误后，再把各个部分画出来。

③植物绘图通常采用"积点成线，积线成面"的表现手法，即用线条和圆点来完成全图。绘线条时要求所有线条都均匀、平滑，无深浅、虚实之分，无明显的起落笔痕迹，尽可能一气呵成不反复。圆点要点得圆、点得匀，其疏密程度表示不同部位颜色深浅。如绘细胞结构图时，细胞壁、核膜用线条表示，其他构造则用点表示，点的大小和疏密要求一致，点要圆而光滑，不能带尾巴；绘制某器官的外部形态图时，可用点表示明暗，先从明部点起，明部的点要细而稀，暗部的点要粗而密，明暗相交处，点要整齐，这样显得分明且有立体感。

④绘好图之后，用引线和文字注明各部分名称。注字应详细、准确，且所有注字一律用平行引线向右一侧注明，同时要求所有引线右边末端在同一垂直线上。在图的下方注明该图名称，即某种植物、某个器官的某个制片和放大倍数。

注意：所有绘图和注字都必须使用铅笔，不可以用钢笔、圆珠笔或其他笔。

第四章　植物摄影技术

自从 1839 年法国人达盖尔（Daguerre）发明摄影技术以来，摄影技术已广泛地应用到各个领域中。它不仅是日常生活中的一项艺术欣赏活动，而且也是一种必不可少的科学记录方式。它的特点是既具体又生动，具有真实感和强烈的说服力。

一、植物摄影的特点和要求

在植物科学领域中，摄影技术也得到了广泛的应用。诸如自然景观，植被结构、演替特点，不同生态条件下的珍奇植物，经济植物的栽培、生长发育及各种试验，试验材料的对比，各种类型植物标本，植物某一器官的描述记录，植物内部解剖结构的显微摄影等，都属于植物摄影的范畴。它们往往也是科学研究或科研成果的重要组成部分。因此，摄影这种记录方式，首先要有真实性，即要如实地反映事物的本质；其次，要有时间性，因为植物群落和植物个体的发生发展和生长发育都有一个动态过程，必须抓住适当时机进行拍摄；与此同时也应考虑到艺术性，使其作品更逼真、感人。

植物摄影所用的工具主要指照相机，但随着手机的普及，作为一种新型的摄影工具，大多数型号手机的拍摄水平已经达到了植物摄影所需要的标准。

二、植物摄影的方法

植物摄影的方法包括普通摄影、平面物体摄影、小物体摄影、标本摄影和显微摄影等。传统的植物摄影的整个过程包含 2 个原理，即透镜成像和感光原理；3 个阶段，即拍摄（按动快门使胶卷曝光变成潜影）、冲洗（通过显影、定影将潜影变为负片）和印相、放大（通过相纸曝光、显影，使负片变成正片的过程）。随着数字技术的发展，这个方法已经不适用，下面介绍一下使用手机进行植物摄影的方法。

（一）手机特点

1. 摄像头焦距　摄像头焦距是指摄像头光学中心到焦点的距离，是摄像头的重要性能指标。摄像头焦距的长短决定着拍摄的成像大小、视场角大小、景深大小和画面的透视强弱。

操作界面：快门、闪光灯、焦点、高动态范围成像（HDR）、滤镜。

辅助配件：三脚架（近距离拍摄珍贵的植物）。

外接镜头：普通的镜头套装有 3 种，即广角、鱼眼和微距，还有一种镜头是长焦镜头，用来把远处的景物拉近来拍摄。

2. 曝光和对焦

（1）手动曝光　通常来说，如果拍摄环境过暗，需要进行曝光补偿的时候，要增加曝光指数（EV 值）；如果拍摄环境过亮，要减小曝光指数。有时手机计算出的"合适"曝光指数和实际见到的效果也不一定一致，可以根据自己的主观意志判断究竟什么程度的亮度最合适，一般情况下不用调整。

（2）手动对焦　当自动变焦不方便或者需要非常精准的对焦控制的时候，可以使用手动对焦，在对焦模式（AF/MF）中进行控制。

（3）虚焦　调整好距离，聚焦对准拍摄主体，使拍摄主题背景虚化。

3. 专业拍照模式

（1）光圈　光圈是一个用来控制光线透过镜头进入机身内感光面的光量的装置。一般的手机光圈都是 2.8 左右，更高一级的有 2.0，数字越小，光圈越大，进光量就越多，尤其是夜间的时候，大光圈可以拍出更为清晰的照片。

（2）快门速度　快门速度（S）是镜头从打开到关闭的时间。拍摄运动物体的快门速度要快，不然就会模糊；拍摄运动轨迹的快门速度要慢，不然就看不到轨迹。

（3）感光度　感光度（ISO）是指镜头对光的敏感程度。感光度对摄影的影响表现在 2 个方面：一是快门速度，更高的感光度能获得更快的快门速度；二是画质，低感光度带来更细腻的成像质量，而高感光度的画质则噪点比较大。

4. 内置拍照模式

（1）全景模式　拍摄超宽幅度的画面（如山脉、大海）时，手机会在每张照片后留出多余位置，帮助摄影者连续拍摄多张风景照片，再组成一张超宽的风景照。

（2）夜景模式　它使用较长的快门曝光时间，以保证照片充分曝光，照片画面也会比较亮。夜景模式使用较小的光圈进行拍摄，同时闪光灯也会关闭。

（3）延时摄影　它是一种将时间压缩的拍摄技术，其拍摄结果通常是一张照片或是一段视频，可将长时间录制的影像合成为短视频，在短时间内再现景物变化的过程。

此外，内置拍照模式还有 HDR、效果增强、流光溢彩等。

（二）手机摄影的基本原则

1. 取景

（1）确定画面主体　按景象的距离，取景可分为远景、近景和特写。主体是表达画面内容的主要对象，画面若没有主体，内容就无法表现。主体又是结构画面的中心。离主体的距离远近会影响景物的大小。

（2）确定画面主题　一般在拍摄某一个主体时，需要先设定拍摄主题，再进一步构思如何拍摄和取景。不同的摄影主题，也需要使用不同的视角来进行拍摄。如仰视的角度更适合拍高大宏伟的建筑与山脉；俯视视角更加适合拍摄场景比较宽广、视野比较好、主体比较统一突出的常见的江河湖泊、森林、草原等。

2. 构图

摄影很多时候又称为减法的艺术。因此，主体明确，比例关系、大小、位置适合，能够体现对比、明暗、虚实、色彩关系等都是有效突出主体的方法。常见的构图方法如下：

（1）居中构图法　将拍摄主体位于画面中间。人的视觉习惯会先注意中间的物体，然后才会关注旁边，这是突出主体最简单直接的方法。

（2）"三分之一"法　它是指利用手机拍摄界面中的网格线把画面横分或竖分成3份，每一份都可放置主体景物，能让画面主题鲜明突出，构图简洁。

（3）对称构图法　以一个点或一条线作为中心，两边的形状和大小是一致且对称的，画面的色彩、线条、结构都是统一和谐、具有对称感。对称构图是一种较为均衡的构图形式，具有平衡、稳定、交相辉映的特点。

3. 光线

（1）柔光、弱光和强光

①柔光：光线柔化，让暗部和亮部的对比度减小，被拍摄主体受光均匀。

②弱光：如果手机有这样的功能，可以用它来增强在极度弱光环境下拍摄的照片的清晰度。它的工作原理类似于 HDR 照片，在不同的曝光水平下拍摄一系列图像，然后利用算法将这些图片进行合成，并从所有的图片中提取细节，以创建一张最好的图片。

③强光：一般来说强光条件下是不适合拍照的，但并不是绝对不能拍。有些时候强光反而能营造出一些不同的氛围，拍出一些特色鲜明的照片。

（2）顺光、逆光和侧光

①顺光：采用顺光拍摄，光在画面中分布较大，植物受光面均匀，但缺点是主体缺乏立体感、层次感，影调平淡。

②逆光：针对光源，从后面照射物体，能够勾画出清晰的植物轮廓线。运

用这种光源，特别要注意植物正面必须进行补光及选用较暗的背景衬托，才能更突出地表现植物形象。

③侧光：用侧光（前侧光或后侧光）来拍摄植物，是人们认为最理想，也是最常用的摄影用光手法。这种采光方法对植物光照造型效果好，立体感强，层次分明，阴影和反差适度，色彩明度和饱和度对比适中。

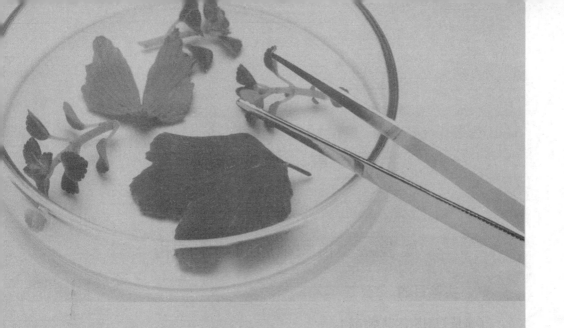

第二篇
植物学基础实验

　　植物学基础实验部分包括植物细胞、植物组织、被子植物营养器官和生殖器官的形态与结构、植物界的基本类群（主要介绍藻类植物、菌类植物、地衣植物、苔藓植物、蕨类植物和裸子植物）、被子植物主要分科等，与理论课程内容密切相关，以巩固基础知识为目的，培养学生理论联系实际的能力。

第一章　植物细胞

实验一　植物细胞的基本结构

一、实验目的

了解植物细胞的基本结构。

二、实验内容

制作洋葱鳞叶表皮细胞临时水装片并观察细胞结构。

三、实验用品

1. 材料　洋葱鳞叶。

2. 器材　生物显微镜、载玻片、盖玻片、刀片、毛笔、培养皿、吸水纸、镊子、解剖针等。

3. 试剂　蒸馏水、浓碘液（0.03%）。

四、实验过程

取洋葱肉质鳞叶一片，用刀片在内表面轻划 0.5 cm^2 的小方块，用镊子撕下表皮并迅速放在滴有蒸馏水的载玻片上。放材料时要注意，把表皮的光滑面朝上，若表皮卷曲，可用解剖针挑平，然后盖上盖玻片，制成临时水装片。将制好的装片先在低倍镜下观察细胞的形状和排列，然后再换高倍镜观察细胞的结构。

在低倍镜下，洋葱鳞叶表皮细胞略呈长方形，端壁平或呈斜形，排列紧密，无细胞间隙（图 2-1-1）。一般外部鳞叶老，内表皮细胞长方形，液泡大；内部鳞叶幼嫩、细胞短、液泡小。

在高倍镜下，可以清晰地观察到细胞壁、细胞质、细胞核和液泡（图 2-1-2）。

1. 细胞壁　细胞壁是无色透明的，只能看到一长方形轮廓。在高倍镜下有时能看到细胞壁上的初生纹孔场。分化完成的细胞的细胞壁只有初生壁和胞间层，胞间层为相邻两细胞共有的一层薄膜。

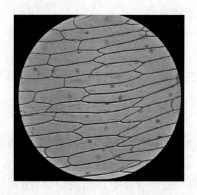

图 2-1-1 低倍镜下的洋葱鳞叶表皮细胞

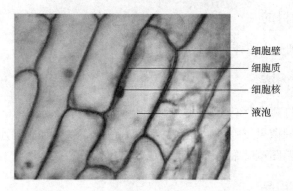

图 2-1-2 高倍镜下的洋葱鳞叶表皮细胞

2. 细胞核 在幼嫩细胞中，细胞核位于细胞的中央，呈球形，其中有 1～2 个核仁。但在成熟的细胞中，由于中央大液泡的形成，细胞核常被挤到侧壁、上壁或下壁，紧贴上壁中央时，由上面看起来就像在细胞中央一样。

3. 细胞质 在细胞壁内、核膜以外无色透明的黏稠物质为细胞质，其中可以看到许多细小的颗粒，有的为线粒体。在成熟的细胞中，细胞的中央被一个大的液泡所占据，细胞质被挤压成薄薄的一层，连同细胞核紧贴细胞壁。

4. 液泡 在生物显微镜下观察，液泡为透明体，看不出具体结构。在幼嫩细胞中，液泡数量较多，散布在细胞质中。随着细胞的生长和分化，小液泡逐渐合并为少数几个直至一个大液泡，即中央大液泡。在成熟细胞中，中央大液泡可占整个细胞体积的 90%，细胞质和细胞核等被挤到外围与细胞壁紧紧地贴在一起。

为了使材料在观察时更清晰，可用浓碘液染色。在盖玻片的一侧滴一滴浓碘液，用吸水纸从盖玻片的另一侧吸去盖玻片下的水分，将染液引入盖玻片与载玻片之间，使材料着色。材料经浓碘液染色后，细胞壁不着色，细胞核被染成黄褐色，细胞质被染成淡黄色。

五、课堂作业

绘洋葱鳞叶表皮细胞基本结构图，并注明各部分结构名称。

六、思考题

为什么在成熟的洋葱鳞叶表皮细胞中，有的细胞核位于细胞中央？

实验二　植物细胞中的质体

一、实验目的

了解植物细胞中质体的类型和结构。

二、实验内容

1. 制作提灯藓叶临时水装片并观察叶绿体。
2. 制作红辣椒果皮临时水装片并观察有色体、纹孔和胞间连丝。
3. 制作紫鸭跖草叶临时水装片并观察白色体。

三、实验用品

1. 材料　提灯藓叶、红辣椒果皮、紫鸭跖草叶。
2. 器材　生物显微镜、载玻片、盖玻片、刀片、培养皿、吸水纸、镊子等。
3. 试剂　蒸馏水。

四、实验过程

质体是植物细胞特有的细胞器，是植物细胞中合成和贮藏同化物的细胞器。分化成熟的质体，可根据其颜色和功能的不同，分为叶绿体、有色体和白色体 3 种类型。在生物显微镜下可清楚地看到质体的形态和颜色。

（一）叶绿体的观察

叶绿体是植物进行光合作用的主要质体，普遍存在于植物的绿色组织中，尤其是叶片的叶肉细胞中。在生物显微镜下，叶绿体为圆形或椭圆形的绿色颗粒。

取提灯藓的一片叶子放在滴有蒸馏水的载玻片上，加上盖玻片，制成临时水装片，在生物显微镜下观察。首先用低倍镜观察，找到最清晰的部位（中肋两侧的叶片较薄而透明），并且使其处于视野中央，可以清楚地看到提灯藓叶细胞的形状为六角形（图 2-1-3）。然后更换高倍镜观察，可看到每个细胞含有许多颗粒状的叶绿体（图 2-1-4）。若将显微镜视野内的光线稍微调暗，并调节细调焦螺旋，可看到叶绿体中有数个较小的深绿色圆形颗粒，这就是基粒。

图 2-1-3　提灯藓叶细胞

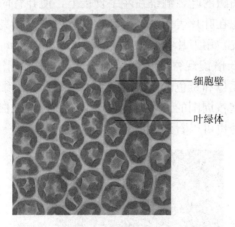

图 2-1-4　提灯藓叶细胞（示叶绿体）

（二）有色体的观察

有色体是含叶黄素和胡萝卜素的质体，通常存在于成熟的果实、花瓣和衰老的叶片中，多为圆形、纺锤形、裂片形等。

取一块新鲜（或浸软）的红辣椒果皮，平放在硬纸板上，光面朝下，用刀片均匀地刮去果肉至果皮透明，然后用刀片切取大小约 0.5 cm×0.5 cm 的小块，使果皮光面朝上，制成临时水装片。在显微镜下可以看到红辣椒果皮的细胞壁很厚，在细胞质中有许多橙红色的小颗粒，这就是有色体。还可以看到表皮细胞不规则，细胞中有淡黄色的细胞质，细胞壁上相对凹陷的小孔是初生纹孔场，其内有胞间连丝穿过（图 2-1-5）。

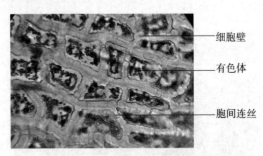

细胞壁

有色体

胞间连丝

图 2-1-5　红辣椒果皮细胞（示有色体）

（三）白色体的观察

白色体是不含色素的质体，一般呈球形，多分布在不见光的薄壁细胞、幼嫩的分生组织、幼胚细胞中，有的也分布在一些受光的成熟组织细胞中。

取紫鸭跖草较幼嫩的叶，缠绕在左手食指上，使叶背向外并用拇指和中指夹住叶片，用刀片先在叶片表面划一个小口，然后用镊子夹住切口的边缘，轻轻地撕下一小块表皮，用刀片截取大小为 0.5 cm×0.5 cm 的透明表皮，制成临时水装片。先用低倍镜观察，找到细胞核后，再用高倍镜观察。在低倍镜下，可以看到表皮无色和紫色的多边形细胞及由肾形保卫细胞围成的气孔；在高倍镜下，表皮细胞核周围的许多白色圆球形小颗粒就是白色体（图 2-1-6），在细胞质的其他各处也可以看到少量的白色体。

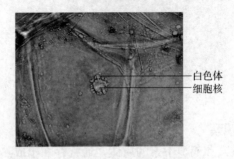

白色体
细胞核

图 2-1-6　紫鸭跖草叶表皮细胞（示白色体）

五、课堂作业

1. 绘提灯藓叶 2～3 个相邻细胞中的叶绿体。
2. 绘红辣椒果皮细胞中的有色体及胞间连丝。

六、思考题

1. 红辣椒果皮细胞壁上的缝隙是什么？是纹孔还是胞间连丝？
2. 什么是胞间连丝？它的作用是什么？

实验三　植物细胞的后含物

一、实验目的

1. 了解植物细胞内几种主要后含物的形态结构及鉴定方法。
2. 学习显微镜化学鉴定技术。

二、实验内容

1. 制作马铃薯块茎临时水装片并观察细胞中的淀粉粒。
2. 制作蓖麻种子、菜豆种子薄壁细胞临时水装片并观察细胞中的糊粉粒。
3. 制作花生种子薄壁细胞临时水装片并观察细胞中的油滴。
4. 制作洋葱鳞叶表皮细胞临时水装片并观察细胞中的花青素。
5. 制作秋海棠叶柄、紫鸭跖草茎临时水装片并观察细胞中的晶体。

三、实验用品

1. 材料　马铃薯块茎、蓖麻种子、菜豆种子、花生种子、洋葱鳞叶、秋海棠叶柄、紫鸭跖草茎。
2. 器材　生物显微镜、载玻片、盖玻片、刀片、培养皿、吸水纸、镊子、解剖针、酒精灯等。
3. 试剂　蒸馏水、0.003％稀碘液、苏丹Ⅲ、95％乙醇、50％乙醇、45％乙酸、1 mol/L 盐酸、肥皂水等。

四、实验过程

(一)淀粉粒

淀粉是植物细胞中常见的贮藏物质，通常呈颗粒状，称为淀粉粒。它们广泛存在于植物各器官的基本组织中，如禾本科植物籽粒的胚乳、马铃薯块茎等贮藏组织细胞中。淀粉遇碘液变成蓝色，这是鉴别淀粉粒的主要方法。

取马铃薯块茎，用刀片刮取少量汁液，放在滴有稀碘液的载玻片上，分散均匀，盖上盖玻片，在低倍镜下观察。可看到许多大小不等的卵圆形颗粒，并染成淡蓝色，即为淀粉粒。换高倍镜仔细观察，看到淀粉粒上有许多偏心轮纹，轮纹围绕一个核心形成，这个核心称为脐点（图 2-1-7）。在马铃薯块茎的淀粉粒中，有单粒淀粉粒、复粒淀粉粒，有时还能看到半复粒淀粉粒（图 2-1-8）。

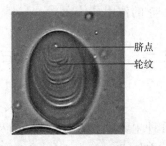

图 2-1-7　淀粉粒结构

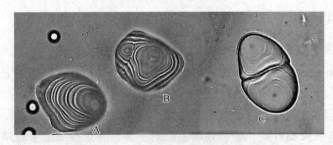

图 2-1-8　马铃薯块茎中的淀粉粒类型
A. 单粒淀粉粒　B. 半复粒淀粉粒　C. 复粒淀粉粒

（二）糊粉粒

糊粉粒是植物细胞中贮藏蛋白质的主要形式，常以无定形或结晶状态（称为拟晶体）存在于细胞中。豆类种子子叶的薄壁细胞中普遍含有糊粉粒。糊粉粒遇碘液变成黄色，这是鉴别蛋白质的主要方法。

1. 蓖麻种子薄壁细胞中的糊粉粒　在实验前 1～2 d，把蓖麻种子放在清水中浸泡。实验时取一粒蓖麻种子，剥去种皮，将肥厚的乳白色胚乳切成薄片，放在 95％乙醇中浸洗，除去细胞中的脂肪，数分钟后，选出薄的切片放在载玻片上，以 0.003％稀碘液染色制成临时水装片。在低倍镜下的糊粉粒呈淡黄色（图 2-1-9）；在高倍镜下观察糊粉粒外围的无定形蛋白质被染成淡黄色，球晶体无色，拟晶体呈黄褐色。

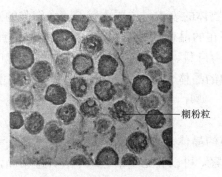

糊粉粒

图 2-1-9　蓖麻种子中的糊粉粒

2. 菜豆种子薄壁细胞中的糊粉粒　取一粒浸泡过的菜豆种子，剥去种皮，用刀片将菜豆种子子叶横切成许多薄片，放入盛有水的培养皿中。用镊子选取较薄的切片放在载玻片上，加一滴 0.003％稀碘液，制成临时水装片观察。观察时可以看到菜豆种子子叶由许多薄壁细胞组成，细胞中充满贮藏物质，其中被染成蓝紫色的部分是淀粉粒，被染成金黄色的部分是糊粉粒。

（三）油滴

脂类是植物细胞中存在的又一重要贮藏物质，大量存在于油料植物种子和果实内，常以油滴形式存在，用苏丹Ⅲ染色后呈黄色、橙黄色、橙红色或红色。

取花生种子的肥厚子叶，用刀片切成薄片放在载玻片上，用苏丹Ⅲ染色30～50 min，若室温低可在酒精灯上轻微加热，促进着色。出现红色后，立即用 50％乙醇冲洗，除去多余的染料，封片观察。在显微镜下可以观察到细胞内有许多大小不等的球形或不规则形状的橙红色小油滴。

（四）花青素

花青素是植物中常见的代谢产物，通常溶解在细胞液中，对酸碱性十分敏感。它在酸性条件下呈白色，在碱性条件下呈蓝色，可使茎、叶、花瓣、果实呈暗红色、紫色或蓝色。

撕取洋葱鳞叶表皮（紫色部分）制成临时水装片。在显微镜下观察，可以看到花青素均匀地分布在细胞液中，使液泡呈现紫红色，与细胞质的界线十分清楚。取出临时水装片，从盖玻片的一端加入少许肥皂水，注意观察细胞液颜色的变化；之后再加入少许 45％乙酸或 1 mol/L 盐酸，再观察细胞液颜色的变化。

（五）晶体

晶体也是植物中常见的代谢产物，依化学成分分为草酸钙结晶和碳酸钙结晶两类，常存在于植物体的表皮、皮层、髓等薄壁细胞的液泡中。草酸钙结晶是植物体中最普遍存在的晶体，有单晶体、针晶体和晶簇；碳酸钙结晶不普遍，多存在于桑科、荨麻科、爵床科等植物叶的表皮细胞中，为钟乳状。

1. 秋海棠叶柄中的晶体　取秋海棠叶柄，做横切徒手切片，放入盛水的培养皿中。用镊子挑一薄片，制成临时水装片。在显微镜下观察，可以看见细胞中有单晶体或晶簇。

2. 紫鸭跖草茎中的晶体　取紫鸭跖草茎，做横切徒手切片，制成临时水装片。在显微镜下观察，可以看见基本组织中有针形结晶，即针晶体和单晶体（图 2-1-10）。移除盖玻片，滴一滴 1 mol/L 盐酸，再加上盖玻片，在显微镜下观察，制片中的晶体消失了，这是因为晶体被无机酸溶解了。

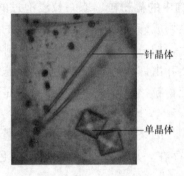

针晶体

单晶体

图 2-1-10　紫鸭跖草茎中的晶体

五、课堂作业

绘马铃薯块茎中的淀粉粒。

六、思考题

1. 如何鉴定淀粉、蛋白质和脂肪？
2. 马铃薯块茎中不同位置的淀粉粒类型是否有差异？
3. 贮藏的蛋白质与组成原生质的蛋白质有何区别？

实验四　植物细胞的有丝分裂

一、实验目的

掌握有丝分裂各个时期的特征。

二、实验内容

观察洋葱根尖纵切片及临时洋葱根尖压片，找到分生区，观察细胞有丝分裂的各个时期的特征。

三、实验用品

1. 材料 洋葱根尖纵切片。

2. 器材 生物显微镜、解剖针、刀片、镊子、载玻片、盖玻片等。

四、实验过程

取洋葱根尖纵切片放在低倍镜下观察，找到分生区。分生区细胞的分裂相最多，由于细胞分裂是一个连续变化的过程，在已制成的切片中，每个细胞都处在不同的分裂时期。可以从中寻找处于不同时期的细胞，观察其特征。

1. 间期 间期是有丝分裂前的准备阶段，蛋白质、核酸的合成及染色体的复制等都是在这个时期进行的。间期细胞核较大，核仁明显，核质中有均匀分散的染色质，核膜光滑。

2. 前期 前期过程很长，最初细胞核膨大，然后核内染色质丝开始螺旋化并缩短增粗，最终成为一个明显的染色体，此时染色体是由两条仅在着丝粒相连的染色单体组成，同时核膜瓦解，核仁消失，细胞中开始出现纺锤体(图 2-1-11A)。

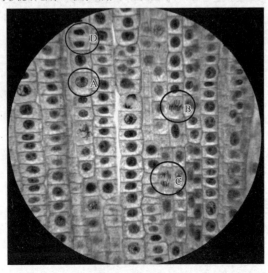

图 2-1-11　洋葱根尖分生区细胞示有丝分裂（分裂期）

A. 前期　B. 中期　C. 后期　D. 末期

3. 中期 染色体聚集到细胞中央，着丝粒排列在赤道板上，纺锤体明显可见。多数纺锤丝一端同染色体的着丝粒相连，另一端云集在两极，还有些纺锤丝由一极延伸至另一极，不与染色体相连。此时染色体呈"I""V""L"等形状，是观察染色体形态结构和计数的最好时机（图 2-1-11B）。

4. 后期 后期开始时，两个染色单体从着丝点处分开，形成独立的染色体，各自向纺锤体的两极移动（图 2-1-11C）。

5. 末期 移到两极的子染色体，逐渐解螺旋变成细丝状，核仁、核膜重新出现，细胞板开始形成，不断扩展并向四周生长，最后与壁衔接形成新的细胞壁，并将细胞质分成两部分，两个子细胞随即形成（图 2-1-11D）。

五、课堂作业

1. 绘制洋葱根尖细胞有丝分裂简图。
2. 简述有丝分裂各时期的主要特征。

六、思考题

1. 说明染色质与染色体之间的区别和联系。
2. 什么是细胞分裂周期？

实验五　植物细胞的减数分裂

一、实验目的

1. 掌握植物减数分裂制片的技术和方法。
2. 掌握减数分裂各时期细胞的主要特征。

二、实验内容

观察玉米幼嫩花药不同时期的临时水装片，观察减数分裂各个时期细胞的主要特征。

三、实验用品

1. 材料 玉米幼嫩雄花序。

2. 器材 生物显微镜、酒精灯、解剖针、刀片、镊子、载玻片、盖玻片等。

3. 试剂 醋酸洋红（或者卡宝品红）染液。

四、实验过程

选取玉米最后一片叶刚露出叶尖时的玉米雄花序，于上午 8：00—10：00 时固定。玉米每个小穗内有两朵小花，每朵小花有 3 个花药。取不同发育时期的花药制片。

把花药横切 3～4 段，加一滴醋酸洋红（或卡宝品红）染液。用解剖针轻压花药，使花粉母细胞从切口出来。静置染色 10 min，同时手持载玻片在酒精灯上横过几次轻微加热，注意不可使它沸腾。用镊子尖轻轻敲片，压片镜检，观察减数分裂不同时期细胞的特征。

1. 减数分裂 I

（1）前期 I　根据染色体的形态，前期 I 可分为 5 个阶段。

①细线期：染色体很细很长，呈细线状，在细胞内交织成网状。每一条染色体内有两条染色单体，但在显微镜下看不到双线结构，染色体成丝状结构（图 2-1-12A）。

②偶线期：染色体的结构和细线期差别不大，同源染色体配对形成二价体，每个二价体有两个着丝粒，染色体比细线期粗（图 2-1-12B）。

③粗线期：染色体进一步螺旋化，在显微镜下可看到每个染色体的两条姊妹染色单体（图 2-1-12C）。

④双线期：染色体进一步螺旋化，变得更加粗短，二价体的两条同源染色体相互分开，可见到交叉（图 2-1-12D）。

⑤终变期：染色体高度浓缩，均匀分散在核膜附近，呈"X""V""O""∞"等形状（图 2-1-12E）。

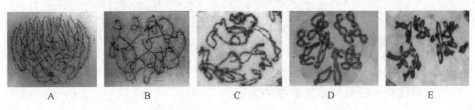

A　　　　　B　　　　　C　　　　　D　　　　　E

图 2-1-12　玉米花粉母细胞减数分裂前期 I（示细胞核变化）

A. 细线期　B. 偶线期　C. 粗线期　D. 双线期　E. 终变期

（2）中期 I　核膜、核仁消失。同源染色体均匀排列在赤道板上，从纺锤体的侧面看，二价体像一横列排列在细胞中（图 2-1-13A）。

（3）后期 I　两条同源染色体分开，由纺锤丝牵引拉向细胞两极。两极染色体数目减半（图 2-1-13B）。

（4）末期Ⅰ 同源染色体到达细胞两极，解螺旋变为染色质细丝，核膜、核仁重新出现，形成两个子核（图2-1-13C）。

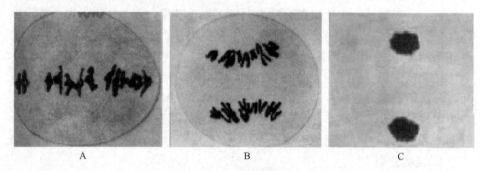

图 2-1-13 玉米花粉母细胞减数分裂Ⅰ
A. 中期Ⅰ B. 后期Ⅰ C. 末期Ⅰ

2. 减数分裂Ⅱ 其可分为前期Ⅱ、中期Ⅱ、后期Ⅱ和末期Ⅱ 4 个时期。各时期主要特征与有丝分裂相似（图2-1-14）。

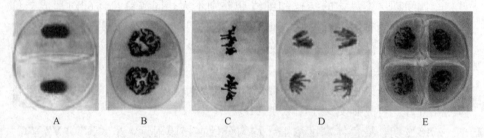

图 2-1-14 玉米花粉母细胞减数分裂Ⅱ
A. 二分孢子 B. 前期Ⅱ C. 中期Ⅱ D. 后期Ⅱ E. 末期Ⅱ

五、课堂作业

1. 简述减数分裂前期Ⅰ各时期细胞的主要特征。
2. 简述有丝分裂与减数分裂的区别。

六、思考题

在显微镜下如何区分玉米花粉母细胞减数分裂的中期Ⅰ和中期Ⅱ？

第二章　植物组织

实验一　植物分生组织

一、实验目的

1. 了解分生组织在植物体内的分布。
2. 掌握各种分生组织的结构特点及功能。

二、实验内容

通过永久制片观察顶端分生组织、侧生分生组织和居间分生组织。

三、实验用品

1. 材料　玉米根尖纵切片、狐尾草顶芽纵切片、棉花老根横切片、杨树茎横切片。

2. 器材　生物显微镜、载玻片、盖玻片、刀片、培养皿、吸水纸、镊子、解剖针等。

四、实验过程

(一) 顶端分生组织

取玉米根尖纵切片放在显微镜下观察，在低倍镜下看到根尖顶端有一帽状结构，即为根冠，根冠内侧染色较深、细胞排列较紧密的区域即为顶端分生组织（图 2-2-1A）。转换高倍镜观察，可见顶端分生组织区分为两部分。最前端为染色最深、细胞较小、细胞核较大、排列最密集的原分生组织区，这一区细胞具有持续分裂的能力。稍后部分为初生分生组织，细胞开始了初步分化，最外一层细胞为原表皮，细胞呈扁砖形，多进行垂周分裂以扩大原表皮的表面积；中部染色较深的柱状区为原形成层，细胞呈长柱形，多为纵向分裂；原形成层与原表皮间的部分为基本分生组织，纵切面上细胞为长方形，细胞壁薄，能进行各个方向的分裂。在观察的过程中，能见到处于各个分裂时期的细胞（图 2-2-1B）。

也可用玉米茎尖纵切片观察顶端分生组织，茎尖中由很多幼叶包裹着的圆锥形区域为顶端分生组织，也包括原分生组织和初生分生组织两部分。

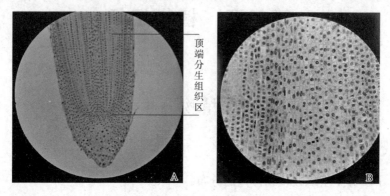

图 2-2-1　玉米根尖纵切片

A. 示顶端分生组织区　B. 示分生组织细胞

（二）侧生分生组织

取棉花老根（或杨树茎）横切片在低倍镜下观察，在次生木质部和次生韧皮部之间，有几层排列紧密、扁平的细胞，这几层细胞为形成层区，其中有一层细胞为维管形成层。在高倍镜下仔细观察，维管形成层细胞壁很薄，细胞核位于细胞一侧，细胞内细胞质稀疏，属于脱分化细胞（图 2-2-2，图 2-2-3）。也可取木本植物枝条，撕开树皮，用刀片直接刮取树皮内侧的一薄层细胞，制作临时水装片，置于显微镜下观察维管形成层细胞的特点。另一种侧生分生组织木栓形成层的观察方法，见本章实验二中次生保护组织（周皮）的介绍。因为维管形成层和木栓形成层分别位于器官的周侧和外围，所以称为侧生分生组织。

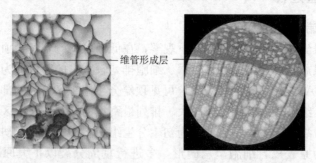

图 2-2-2　棉花老根横切片　　　　　图 2-2-3　杨树茎横切片

（三）居间分生组织

取狐尾草顶芽纵切片，放在显微镜下观察，在低倍镜下找到芽的顶端，沿着顶端向下有很多明显的节，节间基部即为分生组织区域，在高倍镜下仔细观察，两侧大细胞中间夹着一些排列紧密、细胞壁薄、细胞核大的小细胞，这群细胞即为居间分生组织（图 2-2-4）。

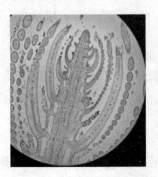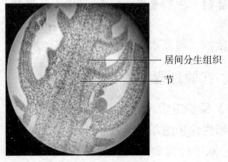

居间分生组织

节

图 2-2-4　狐尾草顶芽纵切片（示居间分生组织）

五、课堂作业

1. 绘根尖顶端分生组织中的部分原分生组织细胞结构图，示分生组织细胞的特点。

2. 绘杨树茎横切面部分维管形成层结构图，示脱分化细胞的特点。

3. 绘狐尾草顶芽纵切面示意图，标注居间分生组织。

六、思考题

1. 分生组织是如何划分的？它们在植物体内的分布位置如何？

2. 比较构成原分生组织、初生分生组织及维管形成层的细胞的差异。

实验二　植物成熟组织

一、实验目的

掌握植物体内各种成熟组织的细胞特点、种类、分布及功能。

二、实验内容

通过永久制片及临时水装片，观察植物体内 5 大类成熟组织。

三、实验用品

1. 材料　南瓜茎纵切片和横切片、向日葵茎横切片、杨树茎横切片、棉

花叶横切片、松叶横切片、油松茎横切片；芹菜叶柄、棉花叶片、鹅观草（或
其他禾本科植物）叶片、酸模（或其他双子叶植物）叶片、桑树枝条、梨果
肉、柑橘果皮等。

2. 器材 生物显微镜、载玻片、盖玻片、刀片、培养皿、吸水纸、镊子、
解剖针等。

3. 试剂 蒸馏水、5％番红溶液、氯化锌-碘溶液。

四、实验过程

（一）保护组织

1. 初生保护组织（表皮）

（1）双子叶植物的表皮观察 取一小片酸模叶，将其背面向上，用镊子尖
端刺入叶片表皮层，捏紧镊子朝一个方向迅速撕下一小块制作临时水装片，先
放在低倍镜下观察，然后转换成高倍镜仔细观察。可以看到表皮细胞侧壁呈波
浪状，相互嵌合，排列紧密无胞间隙；表皮细胞中无叶绿体，有细胞核。在表
皮细胞间分布着许多气孔器，在高倍镜下可见它是由两个肾形保卫细胞和气孔
组成的（图 2-2-5）。保卫细胞中有细胞核，含有叶绿体，靠近气孔一侧的细
胞壁较厚，靠近表皮细胞一侧的较薄。注意保卫细胞结构特点与气孔开闭的
关系。

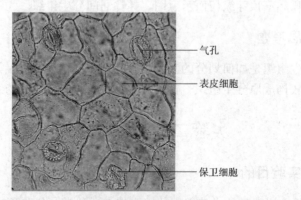

图 2-2-5 酸模叶下表皮（示表面观）

（2）单子叶植物的表皮观察 取新鲜的鹅观草叶片，制成临时水装片，经
5％番红溶液染色 3～5 min，置于显微镜下观察。表皮细胞大多数为长方形，
细胞核被染成红色。在两个长方形表皮细胞之间夹有两个短细胞，一个为栓细
胞，另一个为硅细胞。气孔器由哑铃状保卫细胞和分列其外侧的两个副卫细胞
组成（图 2-2-6）。另外，表皮上还附有许多表皮毛。

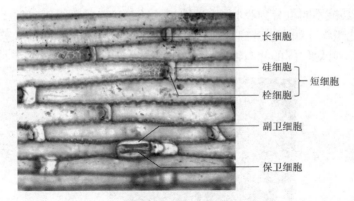

长细胞

硅细胞 ⎤
　　　　⎬ 短细胞
栓细胞 ⎦

副卫细胞

保卫细胞

图 2-2-6　鹅观草叶片上表皮（示表面观）

2. 次生保护组织（周皮）　取杨树茎横切片，在显微镜下观察可见茎外围为周皮，其中木栓层在外侧，是由一至数层具有较厚的细胞壁、排列整齐紧密的细胞组成。木栓层内侧 1～2 层扁平、能见到细胞核的生活细胞，即为木栓形成层。木栓形成层内侧的一至数层稍大、排列疏松的细胞为栓内层。木栓层、木栓形成层和栓内层合称为周皮（图 2-2-7）。有些标本在木栓层外方会有少量的皮层细胞和表皮保留。观察过程中还会发现在木栓层上有一些向外突出的裂口，下方有很多补充细胞构成的皮孔，这是周皮上的通气结构。

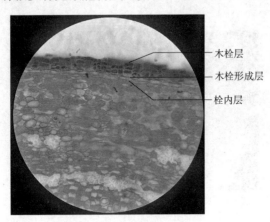

木栓层

木栓形成层

栓内层

图 2-2-7　杨树茎横切片（示周皮）

(二) 基本组织（薄壁组织）

显微镜下观察向日葵茎横切片，在茎的中心部分可见一些体积较大、细胞壁较薄的细胞，细胞排列较疏松有胞间隙，这部分即为薄壁组织或基本组织（图 2-2-8）。薄壁组织广泛分布于植物体中，是构成植物体的最基本的一种组织，按其功能不同可分为吸收组织（如根毛细胞）、贮藏组织（如小麦胚乳细胞）、同化组织（如小麦叶肉细胞）、通气组织（如水稻老根中的气腔）和传递细胞（如小叶脉周围的叶肉细胞）。

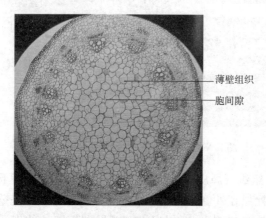

图 2-2-8　向日葵茎横切片（示薄壁组织）

（三）机械组织

1. 厚角组织　取南瓜茎横切片，先在低倍镜下找到棱角处，再转换成高倍镜观察，在表皮内有几层细胞，角隅处细胞壁厚，细胞中含有叶绿体，是活细胞，此为厚角组织（图 2-2-9）。

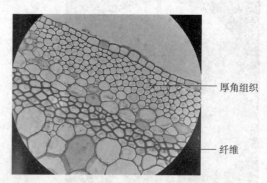

图 2-2-9　南瓜茎横切片（示厚角组织）

也可用新鲜芹菜叶柄做徒手切片观察厚角组织。取芹菜叶柄，制成临时水装片，在显微镜下观察（图 2-2-10）。可看到在表皮内侧有许多角隅加厚的细胞。为了使材料更加清晰，可在盖玻片一侧加一滴氯化锌-碘溶液，吸去多余的水分，在显微镜下观察。这时厚角细胞的壁变成了蓝色，因为植物细胞壁的主要成分是纤维素，纤维素遇氯化锌-碘溶液呈蓝色反应。在细胞壁中，纤维素的成分越多，其他的成分（如果胶质、半纤维素等）越少，则蓝色越明显。有时所取材料的细胞壁半纤维素的成分较多或材料较老，发生木质化，会影响染色效果。

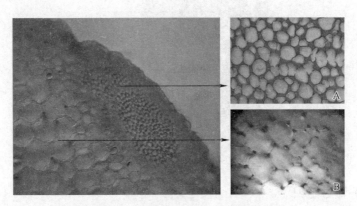

图 2-2-10　芹菜叶柄横切片（示厚角组织）
A. 叶柄棱角处　B. 叶柄内部

2. 厚壁组织

（1）纤维　取桑树枝条剥皮，用镊子取树皮内白色细丝，选一段最细的丝制作临时水装片，放在低倍镜下观察，可以看到很多两端尖的长丝，选定一根，移动玻片，观察纤维细胞的长度（图 2-2-11）。也可通过南瓜茎的纵切片观察到两端尖削的纤维细胞（图 2-2-12），通过南瓜茎的横切片观察到纤维细胞增厚的细胞壁（图 2-2-9）。

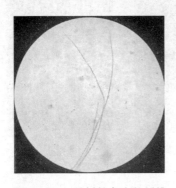

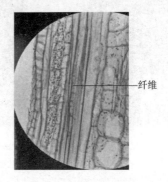

纤维

图 2-2-11　桑树枝条中的纤维　　　图 2-2-12　南瓜茎纵切片（示纤维）

（2）石细胞　用解剖针从梨果肉中挑取一小粒沙粒状组织块，放置在载玻片上，用镊子将其压碎充分散开，制成临时水装片观察。在显微镜下可见许多形状不规则、近于等径、细胞壁极度增厚、细胞腔小的石细胞，在高倍镜下可清楚看到细胞壁上的纹孔道（图 2-2-13）。

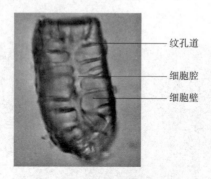

图 2-2-13　梨果肉的石细胞

（四）输导组织

1. 导管、筛管和伴胞

（1）导管　在显微镜下观察南瓜茎纵切片，维管束中染成红色的部分为木质部。在低倍镜下可观察到木质部中具有各种花纹的成串管状细胞，即为导管（图 2-2-14A、B），导管分子口径较大，壁木质化，被 5％番红染成红色，其周围有细胞壁木质化的较小的薄壁细胞。在高倍镜下观察，可区分出螺纹导管和网纹导管，前者管径较小，细胞壁具有螺旋形加厚并木质化的次生壁；后者管径较大，具有网状加厚并木质化的次生壁。

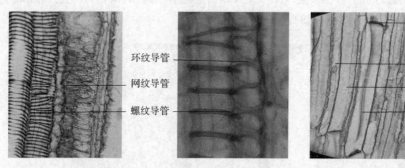

图 2-2-14　南瓜茎纵切片
A、B. 示导管　C. 示筛管

（2）筛管和伴胞　取南瓜茎纵切片观察，在导管分子的内外两侧分别有筛管分子，其口径也较大，为被染成蓝绿色的长管状细胞。在高倍镜下观察，筛管分子上下相连处略有膨大，染色较深，这个端壁称为筛板，在其上有的还能见到筛孔。在筛管分子中没有细胞核，细胞质由于制片的影响向细胞中部收缩呈束状,两端宽中间窄,这是通过筛孔的原生质丝,称为联络索。筛管分子旁边紧贴着一到几个小的长形细胞为伴胞,伴胞是具有细胞核、细胞质浓、染色较深的薄壁细胞(图 2-2-14C)。

2. 管胞 在显微镜下观察油松茎横切片,发现经番红染色的油松管胞是长梭形的,壁较厚,有许多呈圆形的具缘纹孔,还有略呈方形的单纹孔(图 2-2-15)。管胞通过这些纹孔来执行输导功能,是比较原始的一种输导组织。

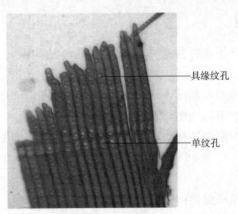

具缘纹孔

单纹孔

图 2-2-15 油松管胞(示纹孔类型)

(五)分泌结构

1. 分泌腔的观察 取新鲜柑橘果皮,照光可见外果皮上有很多透亮的圆形孔洞,用手挤压有分泌物溢出。用刀片切取其外果皮极薄一片,制成临时水装片,在显微镜下观察,可见果皮中有许多囊状的分泌腔,内有分泌物贮藏在腔囊中,囊的周围有破损的分泌细胞(图 2-2-16A)。也可用棉花叶横切片观察叶脉中的分泌腔。

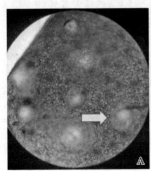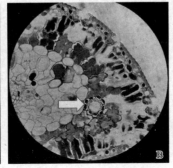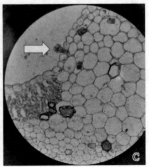

图 2-2-16 分泌结构

A. 柑橘果皮的溶生分泌腔 B. 松叶横切(示树脂道) C. 棉花叶横切(示腺毛)

2. 树脂道的观察 取松叶横切片置显微镜下观察，可见叶肉组织中有很多大的腔，腔的四周由排列整齐紧密、具有分泌作用的上皮细胞包围，大的腔为树脂腔，与茎的树脂腔相互连接合称为树脂道（图 2-2-16B）。

3. 腺毛的观察 用镊子撕取棉花叶的表皮，制成临时水装片，在显微镜下观察，可见多细胞的腺毛，由头部和柄部两部分构成。也可以观察棉花叶横切片，表皮上也可见腺毛（图 2-2-16C）。

五、课堂作业

1. 绘单、双子叶植物叶片表皮细胞及气孔器结构图，并注明各部分结构名称。

2. 绘南瓜茎横切面局部图，示厚角组织及纤维细胞壁增厚的特点。

3. 绘梨果肉石细胞结构图，并注明各部分结构名称。

4. 绘南瓜茎纵切面中各种类型导管及筛管、伴胞结构图，并标注名称。

六、思考题

1. 简述薄壁组织在植物体中的分布位置及相应的功能。

2. 比较厚角组织与厚壁组织的结构特点、分布及功能。

3. 南瓜茎的纵切片中，由外向中心依次能看到哪些组织类型？说明判断依据。

第三章 植物根的发育与结构

实验一 根尖的结构

一、实验目的

掌握根尖外形、分区和各分区的结构特点，并了解其生理功能。

二、实验内容

观察玉米和洋葱根尖外部形态和内部结构。

三、实验用品

1. 材料 玉米根尖及洋葱根尖纵切片。

2. 器材 生物显微镜、放大镜、载玻片、盖玻片、镊子、刀片、吸水纸、培养皿等。

3. 试剂 蒸馏水。

四、实验过程

（一）根尖的外形及分区

在实验课前 5～7 d，取玉米籽放在盛水的烧杯上（注意不要被水淹没，否则影响呼吸，以致腐烂），然后置于恒温箱中，保持一定温度（以 20～25 ℃为宜），待幼根长到 2～3 cm 时，取生长较直的幼根，用刀片从顶端切下约 1.5 cm 长的一段，置于干净载玻片上，用放大镜观察其外部形态（图 2-3-1A）。

1. 根冠 根冠位于幼根最尖端，为帽状、略透明的部分。

2. 分生区 分生区（生长点）位于根冠之后，为不透明、略带黄色的部分。

3. 伸长区 伸长区位于分生区之后，为光滑无根毛、略透明的部分。

4. 根毛区 根毛区位于伸长区之后，其上密布白色茸毛，即具根毛的部分。

（二）根尖的内部结构

取洋葱根尖纵切片，在显微镜下观察并辨认根尖各区的结构及细胞特点（图 2-3-1B）。

1. 根冠 根冠位于根的最尖端，由薄壁细胞（营养组织）组成，呈帽状，套在分生区的外方，保护分生区的幼嫩细胞。

2. 分生区 分生区（生长点）位于根冠的上方（内侧）。细胞体积很小，排列整齐紧密，细胞壁薄、细胞核大、细胞质浓，具有强大的分生能力，为顶端分生组织。在高倍镜下可观察到处于不同分裂时期的分生组织细胞。

3. 伸长区 伸长区位于分生区与根毛区之间，为初生分生组织。该区细胞沿纵轴方向伸长，向根毛区方向细胞分裂能力逐渐减弱，并出现初步分化，由外到内分化为原表皮、基本分生组织和原形成层，它们以后分别发育为根的表皮、皮层和中柱，组成根的初生结构。

4. 根毛区 根毛区（成熟区）位于伸长区之后，最明显的标志就是表皮上有根毛，同时内部各种组织已分化成熟，根中央部分可见口径小而纵向生长的环纹导管、螺纹导管。

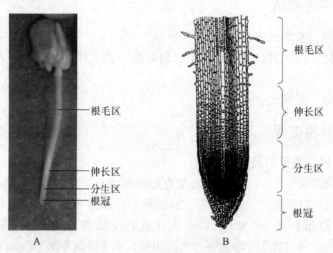

图 2-3-1 根尖分区及分区细胞结构
A. 玉米根尖分区 B. 洋葱根尖分区细胞结构

五、课堂作业

绘洋葱根尖纵切分区结构图，并注明各分区名称。

六、思考题

1. 根尖分哪几个区？各区有哪些特点？各区在外部形态和内部结构上是否有明确的界线？

2. 从根尖各区的动态发育过程分析根是怎样进行伸长生长的。

实验二　根的初生结构

一、实验目的

1. 掌握双子叶植物根和单子叶植物根初生结构的特点。

2. 掌握双子叶植物根和单子叶植物根初生结构的异同。

3. 了解侧根发生的部位与形成规律。

二、实验内容

1. 观察毛茛根和唐菖蒲根的横切面结构。

2. 观察蚕豆具侧根的横切面结构。

三、实验用品

1. 材料　毛茛根横切片、唐菖蒲根横切片、蚕豆侧根横切片。

2. 器材　生物显微镜。

四、实验过程

（一）根的结构

1. 双子叶植物根的初生结构　取毛茛根横切片置于显微镜下观察，在低倍镜下可观察到毛茛根横切面由外向内分表皮、皮层和中柱（维管柱）3 部分（图 2-3-2A），再换高倍镜由外向内仔细观察各部分的结构特点。

（1）表皮　表皮是成熟区最外面的一层细胞，排列紧密，细胞略呈长方体形，其长轴与根的长轴平行，在横切面上则近于方形。许多表皮细胞的外壁向外突起并延伸形成根毛，但多数材料在制片过程中被损坏，只留下根毛残体。

（2）皮层　皮层位于表皮之内，所占比例较大，可分为 3 部分。

①外皮层：皮层最外面的一到数层薄壁细胞，细胞排列紧密，无明显的胞间隙。

②皮层薄壁细胞：多层细胞，细胞体积较大，细胞壁薄，排列疏松，有明

显的胞间隙，细胞内含有大量的淀粉粒。在有些植物的幼根中，外皮层与皮层薄壁细胞没有明显区别。

③内皮层：皮层最内的一层细胞。细胞排列紧密，早期内皮层细胞的径向壁与上下横壁上有一条木质化、栓质化的带状加厚部分，称为凯氏带。在番红-固绿染色的双子叶植物幼根横切面上，常可见径向壁上被染成红色的凯氏点，后期部分细胞的细胞壁可能全部加厚。在横切面上可见到被染成红色、呈"O"形的凯氏带（图 2-3-2B）。

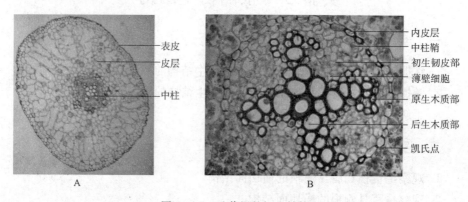

图 2-3-2　毛茛根的初生结构

A. 示整体结构　B. 示内皮层及中柱结构

（3）中柱　中柱（维管柱）是内皮层以内的部分，由中柱鞘、初生木质部、初生韧皮部和薄壁细胞等构成（图 2-3-2B）。

①中柱鞘：中柱的最外层，与内皮层相邻，通常由 1～2 层细胞组成，细胞壁薄、排列整齐而紧密。它在根中起重要作用，保持着分生组织的特点和分生功能。侧根、第一次木栓形成层和部分维管形成层等都发生于中柱鞘。

②初生木质部：初生木质部（包括原生木质部和后生木质部）主要由导管和管胞组成。导管常被染成红色，导管细胞壁厚而细胞腔大，排列成 4 束或呈星芒状，根据初生木质部束的数目判定为几原型根。每束导管口径大小不一致，外侧靠近中柱鞘的导管最先发育，口径小，是一些环纹和螺纹加厚的导管，为原生木质部。分布在近根中心位置的导管，口径大，分化较晚，为后生木质部。后生木质部的导管着色往往浅淡，甚至不显红色。这种由外向内发育的方式，称为外始式。

③初生韧皮部：其位于每两束初生木质部之间，与初生木质部相间排列，主要由筛管和伴胞等组成，通常被染成绿色。

④薄壁细胞：其位于初生木质部和初生韧皮部之间，当根进行次生生长时

可脱分化成维管形成层的一部分。

2. 单子叶植物根的初生结构 单子叶植物根的初生结构与双子叶植物根的初生结构相似，但又有与双子叶植物根不同的特征。取唐菖蒲根横切片在显微镜下观察，从外向内也分为表皮、皮层和中柱（维管柱）3部分（图2-3-3A）。

（1）表皮 其与双子叶植物的表皮相似。

（2）皮层 皮层由大量薄壁细胞组成，但比例没有毛茛根那样大，且靠近表皮的几层细胞常转化为厚壁的机械组织，其内皮层细胞的细胞壁五面加厚（外切向壁不加厚），在横切面上呈马蹄形，被番红染成红色，但请注意观察，正对着原生木质部的内皮层细胞仍保持薄壁状态（只有凯氏带），这种薄壁细胞称为通道细胞。它们是皮层与中柱之间物质转移的途径，皮层的水分和溶质只能通过它进入初生木质部，这就缩短了输导的距离。

（3）中柱 中柱又称维管柱，位于皮层以内，由中柱鞘、初生木质部、初生韧皮部和髓组成（图2-3-3B）。

①中柱鞘：紧靠内皮层、排列比较紧密的一层细胞，通常为薄壁细胞。

②初生木质部：初生木质部通常多束，属多原型的根，靠近中央常有5～6个后生木质部的大导管（亦为外始式发育）。

③初生韧皮部：与初生木质部相间排列，由少数筛管和伴胞组成。

④髓：由薄壁细胞组成，后期这些细胞的壁全部增厚木质化形成厚壁组织。

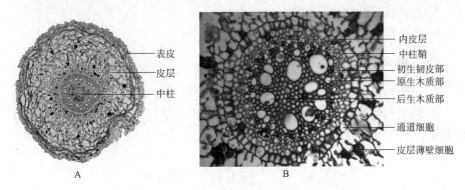

图2-3-3 唐菖蒲根的初生结构

A. 示整体结构 B. 示内皮层及中柱结构

（二）侧根的形成

观察蚕豆植株的直根系，主根上生长着侧根，这些侧根发生的位置对着初生木质部，初生木质部为几原型，侧根一般就有几纵列。

取蚕豆根（具侧根）的横切片，在显微镜下观察侧根的发生与细胞组织的特点（图2-3-4）。

1. 侧根的起源　侧根起源于正对着初生木质部的中柱鞘细胞，因此侧根为内起源。观察侧根原基细胞特点，其属于次生的分生组织。

2. 侧根的发育　侧根和主根一样，经历伸长、分支和加粗等形态建成过程。在制片中主根是横切面，侧根则是纵切面。主根的木质部与侧根的木质部相连。但侧根并不都是由正对母根初生木质部的中柱鞘细胞恢复分裂能力而形成，其发生部位与母根初生木质部的束数相关。

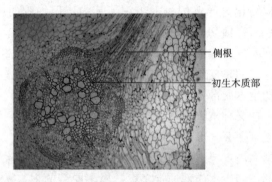

侧根

初生木质部

图 2-3-4　蚕豆根（具侧根）的横切面

五、课堂作业

1. 绘毛茛根的初生结构图。
2. 毛茛根与唐菖蒲根的初生结构有何异同点？

六、思考题

1. 根的初生结构是怎样形成的？侧根又是如何发生的？
2. 根毛与侧根有何区别？各发生于根的什么部位？它们属于外起源还是内起源？

实验三　根的次生结构

一、实验目的

1. 了解双子叶植物根的次生结构。
2. 了解根维管形成层与木栓形成层的发生及活动。

二、实验内容

观察南瓜根横切面的结构。

三、实验用品

1. 材料　南瓜根横切片。
2. 器材　生物显微镜。

四、实验过程

双子叶植物和裸子植物的根，由于次生分生组织——维管形成层和木栓形成层的分裂活动而形成了次生结构。而单子叶植物通常不能产生次生分生组织，所以它们的根只停留在初生结构的阶段。

取南瓜根横切片，首先在低倍镜下观察，从外至内分为周皮、次生韧皮部、维管形成层、次生木质部等几大部分（图 2-3-5）；然后转高倍镜下仔细观察。

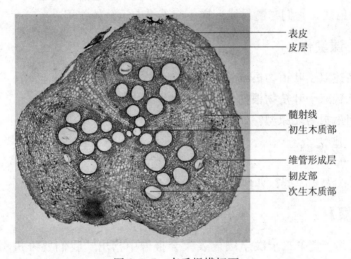

图 2-3-5　南瓜根横切面

1. 周皮　南瓜根的周皮很不发达，只是由几层木栓化细胞组成的木栓组织，是由中柱鞘分裂出的细胞经栓化而形成。

2. 中柱鞘组织　它是由木栓组织下方的几层薄壁细胞组成，也是由中柱鞘细胞分裂产生。中柱鞘细胞开始活动分裂成多层细胞，除最外侧一层转化成木栓形成层，形成不发达的周皮外，其余的均为中柱鞘组织。

3. 韧皮部　韧皮部位于中柱鞘组织之内，其最外方为初生韧皮部，常被挤压而破裂，有些呈扁平状。在显微镜下观察的韧皮部主要为次生韧皮部，其中筛管和伴胞较明显，筛管呈多角形，在筛管旁边呈长方形的细胞即为伴胞。

韧皮部中除筛管和伴胞外，尚有薄壁细胞和为数不多的韧皮纤维。

4. 形成层 它是在次生韧皮部内方、排列整齐呈长方形的数层细胞，为次生分生组织，但在切片中并非呈连续状态。这是由于根在次生生长初期，维管束内的一段形成层是连成一环的，但由于后期部分停止活动或活动速度不均，故在切片上看不到连续的形成层环。也正是这个原因，根的整个轮廓对着髓射线处出现凹陷。

5. 木质部 木质部是在形成层内方、被番红染成红色的部分。其中大部分为次生木质部，分布着许多大大小小的导管及一些薄壁细胞与木纤维。仔细观察根的中心部分，有很小的一部分是三原型或四原型的初生木质部，其中导管直径很小，与次生木质部交叉排列。

6. 髓射线与维管射线 从初生木质部每一个放射角发出直达中柱鞘组织的横向排列的薄壁细胞，即为髓射线。在维管束内也能清楚地找到一些横向的短列维管射线，它们与髓射线一样，起着横向运输的作用。

五、课堂作业

1. 简述双子叶植物根维管形成层和木栓形成层的发生与活动。
2. 比较双子叶植物根初生结构和次生结构的异同。
3. 南瓜根为几原型？如何判定？

六、思考题

南瓜根为 n 原型？如何判定？

【拓展】

中国共产党第二十次全国代表大会报告中指出"我们要推进美丽中国建设，坚持山水林田湖草沙一体化保护和系统治理""推进生态优先、节约集约、绿色低碳发展"，请结合根系和根毛的功能，谈谈根在生态保护中的作用。

第四章　植物茎的发育与结构

实验一　茎尖的结构

一、实验目的

掌握茎尖的结构。

二、实验内容

观察黑藻茎尖纵切面结构。

三、实验用品

1. 材料　黑藻茎尖纵切片。
2. 器材　生物显微镜。

四、实验过程

取黑藻茎尖纵切片，先用肉眼观察，有数层幼叶包被的一端为茎顶端。将切片置于显微镜下，先在低倍镜下进行观察，可见茎尖的基本组成（图 2-4-1）。最尖端是生长锥，上面无类似根冠的帽状结构。生长锥下方两侧的小突起为叶原基，向下是长大的幼叶，幼叶的叶腋处呈长圆形突起的是腋芽原基，将来发育成腋芽，中轴部分是芽轴，将来发育成茎。然后转换高倍镜观察生长锥、芽轴及其下方的细胞结构特点，自上而下可分为分生区、伸长区和成熟区。

五、课堂作业

列表比较根尖和茎尖在形态和结构上的异同。

生长锥
叶原基
幼叶
腋芽原基
通气结构

图 2-4-1　黑藻茎尖纵切面

六、思考题

1. 叶原基和腋芽原基是外起源还是内起源？如何判别？
2. 可以通过哪些特征来辨别枝芽和花芽？

实验二　茎的初生结构

一、实验目的

掌握茎的初生结构特点，并能比较双子叶植物和单子叶植物茎的初生结构的异同点。

二、实验内容

观察茎的初生结构。

三、实验用品

1. 材料　向日葵幼茎横切片、大豆幼茎横切片、玉米茎横切片、水稻茎横切片、小麦茎横切片等。

2. 器材　生物显微镜。

四、实验过程

（一）双子叶植物茎的初生结构

取双子叶植物向日葵幼茎横切片，先用肉眼观察，可见茎中央有巨大的髓部，在茎外围由维管束排成一圈。维管束与维管束之间具有与髓相通的宽大髓射线把各个维管束分开。将切片置于显微镜下，先在低倍镜下进行观察，区分出表皮、皮层和维管柱 3 部分（图 2-4-2A），然后再转到高倍镜下进行观察。

1. 表皮　表皮位于茎的最外一层，由排列紧密、呈长方形的生活细胞构成，一些部位可见到细胞表皮毛的基部残余和气孔器。表皮细胞外壁可见被染成红色的角质层。

2. 皮层　皮层位于表皮以内、维管柱以外，由多层细胞构成，在横切面中所占的比例较小。紧贴表皮的 2～3 层细胞较小，且常分化为厚角组织，细胞中常含有叶绿体，故幼茎常呈现绿色。再往内是数层大型薄壁细胞，排列疏松，具有胞间隙。向日葵幼茎的薄壁细胞中散布有小型的分泌腔。大豆幼茎的薄壁细胞中常含有淀粉粒而被称为淀粉鞘。

3. 维管柱 维管柱位于皮层以内，由维管束、髓和髓射线组成。向日葵幼茎的维管束有大小两种，相间排列成一环，其中大维管束呈三角形，小维管束呈长柱形。维管束由外向内包括初生韧皮部、束中形成层和初生木质部3部分（图2-4-2B）。初生韧皮部外方有一帽状的初生韧皮纤维，其细胞小，细胞壁厚，被番红染成红色，鲜艳易见。束中形成层位于初生木质部和初生韧皮部之间并将两者隔开，细胞排列整齐，染色较深。初生木质部由排列成串的小型导管组成，呈尾状。大豆幼茎的维管束较多，且没有大小之分。

位于维管束之间的薄壁组织是髓射线，连接皮层和髓。向日葵幼茎的髓射线为多列宽大射线，是草本植物茎的典型代表。大豆幼茎的髓射线较窄，有的为单列射线。由于取材时间问题，有时会发现部分髓射线细胞已脱分化形成束间形成层，并与束中形成层连接形成完整的形成层环。

茎中央为极发达的髓，由薄壁细胞填充，细胞排列疏松，有贮藏功能，常可见到含有晶体或单宁的细胞。

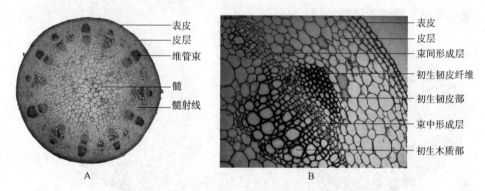

图2-4-2 双子叶植物（向日葵）幼茎的初生结构
A. 示整体结构 B. 示一个维管束放大结构

（二）单子叶植物茎的初生结构

单子叶植物茎与根一样，通常不进行次生生长，故无次生构造，而终生保持初生结构。

取单子叶禾本科植物玉米茎和水稻茎横切片，先用肉眼观察。玉米茎是实心的，其中有许多散生的点状物，即维管束（图2-4-3A）；水稻茎中心有巨大的空腔，即髓腔（图2-4-3B）。然后将切片置于显微镜下进行观察。单子叶植物茎主要由表皮、基本组织和维管束3部分组成。

1. 表皮 表皮是位于茎的最外一层细胞，细胞小而排列紧密，略呈长方形，外壁增厚并硅化，还被有角质膜。

2. 基本组织 其主要由薄壁细胞组成，细胞排列疏松。玉米茎内几乎全部为基本组织所充满，而小麦、水稻茎中心的薄壁细胞解体并形成中空的髓腔。紧贴表皮的几层基本组织细胞常以厚壁细胞存在而构成坚强的机械组织环，被染成红色。小麦茎内的机械组织环被绿色薄壁组织带隔开，这些绿色薄壁组织细胞内含有叶绿体，在机械组织以内的基本组织细胞则不含叶绿体。水稻茎的基本组织内分布着许多排列成环状的气腔，与髓腔共同起通气作用，是水稻适应水生环境的结构特征。

3. 维管束　玉米茎的维管束分散在基本组织中，越靠外侧维管束分布越密集，形越小；越靠中心分布越稀疏，形越大。正是由于维管束是散生的，所以玉米茎没有皮层、髓及髓射线等部分的界线。水稻茎维管束可分为大小两型，并分别排成两轮。小型维管束与机械组织相接，于外侧排成一轮，每个维管束正位于两个气腔之间的外侧。大型维管束于内排成一轮，每个维管束正位于两个气腔之间的内侧。水稻茎维管束的结构与玉米茎维管束的相似。水稻茎的中央髓部破裂呈中空腔，称为髓腔，它与皮层中的气腔起着通气作用，这是它适应湿生环境的结构特征。

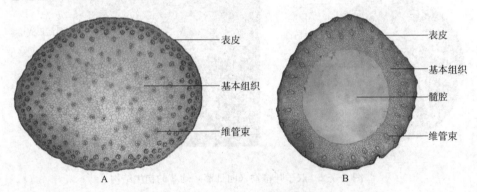

图 2-4-3　单子叶植物茎的初生结构
A. 玉米茎横切结构　B. 水稻茎横切结构

在玉米茎中，维管束的结构，如图 2-4-4 所示。其轮廓呈椭圆形或卵圆形，外围有一至几层厚壁细胞组成的维管束鞘包围，里面为初生韧皮部和初生木质部。初生韧皮部外侧被压扁的部分为原生韧皮部，与之相接的为后生韧皮部，可清楚地看到呈多角形的筛管与略呈长方形的伴胞。初生木质部位于初生韧皮部的下方，两者之间无形成层带存在，属于典型的外韧型有限维管束。从横切面上看，初生木质部轮廓呈"V"形，"V"形的底部是原生木质部，由 1～3 个孔径较小的环纹导管和螺纹导管及薄壁细胞组成，常由于茎的伸长将导管拉破，在"V"形底部形成一个空腔，称为气腔或胞间道。"V"形的两臂上各有一大型的孔纹导管，导管之间由管胞和薄壁细胞把它们联结起来，组成后生木质部。

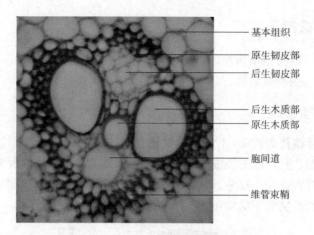

基本组织

原生韧皮部

后生韧皮部

后生木质部

原生木质部

胞间道

维管束鞘

图 2-4-4　玉米茎中的维管束

五、课堂作业

1. 绘向日葵幼茎初生结构简图。
2. 绘玉米茎内一个维管束的放大图。
3. 比较向日葵幼茎与玉米茎的初生结构的异同点。

六、思考题

1. 比较双子叶植物茎的初生韧皮部和初生木质部的组成成分、发育方式、束中形成层来源与根的异同。
2. 比较双子叶植物根与茎在初生结构上的异同。
3. 玉米茎维管束中的气腔是怎样形成的？

实验三　茎的次生结构

一、实验目的

1. 掌握茎的次生结构。
2. 了解维管形成层和木栓形成层的发生和活动。

二、实验内容

观察椴树茎横切面的次生结构。

三、实验用品

1. 材料 椴树茎横切片。

2. 器材 生物显微镜。

四、实验过程

取双子叶植物椴树3～4年生茎的横切片，先用肉眼观察，茎中央呈蓝绿色的部分为髓，其外侧被染成红色的部分为木质部，再外侧依次为韧皮部、皮层、周皮以及表皮残余部分。然后将切片置于显微镜下进行观察（图2-4-5），由外向内依次可见如下结构：

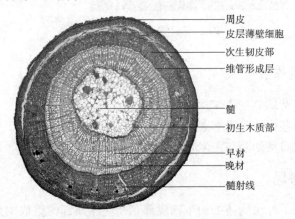

图 2-4-5 椴树茎横切面

1. 表皮 表皮是位于茎最外面的一层细胞。多年生的茎中，由于周皮形成而使表皮基本脱落，但可看到其残余部分，其细胞外壁上的角质膜被染成红色。

2. 周皮 周皮位于表皮下方，其最外几层呈现黄褐色，排列整齐，是栓质化的木栓层细胞，属于次生保护组织；内方为木栓形成层，形状略似木栓层，呈蓝色；木栓形成层以内为栓内层，由几层薄壁细胞组成。

3. 皮层 皮层位于周皮和维管柱之间。紧接周皮的几层细胞为厚角组织，其内几层为薄壁细胞，有的细胞还含有晶簇。

4. 维管柱 其由维管束、髓射线和髓等组成。

（1）维管束 维管束连成一环，为典型的木本茎结构。初生韧皮部已被挤压，有时能看见线状残余。韧皮部主要由次生韧皮部组成，从外观看呈火焰形，内部呈红绿相间的结构，其红色部分为韧皮纤维，而绿色部分为筛管、伴胞、韧皮薄壁细胞和韧皮射线。在韧皮部下方被染成蓝绿色的部分是维管形成层，它由排列整齐的几层扁平形的细胞组成。

木质部包括初生木质部和次生木质部。在木质部最内方，靠近髓的小型导管呈尾状排列，为初生木质部。次生木质部占大部分，在这里可以看到导管、管胞、木纤维、木薄壁细胞和木射线。多年生的椴树，可见到多个明显的年轮。年轮中细胞大而疏松的为早材，所占比例较大；细胞小而排列紧密的为晚材，所占比例较小。

（2）髓射线　髓射线是位于两个维管束之间联结皮层和髓的薄壁组织，包括由基本分生组织所形成的初生射线和由维管形成层细胞分裂继续加长产生的维管射线。在显微镜下观察椴树茎的髓射线呈漏斗状，位于木质部的称为木射线，位于韧皮部的称为韧皮射线。

（3）髓　髓位于茎的最中心部分，其外围是颜色较深的小型厚壁细胞，称为环髓带，其余为大型的薄壁细胞，除含有淀粉外，还含有一些异细胞，在这些异细胞中，可见到簇晶、单宁和黏液。

五、课堂作业

1. 根据维管形成层的活动特点，判断一下你所观察的椴树茎是几年生的？它可能是在什么季节采伐的？为什么？

2. 年轮是如何形成的？

六、思考题

1. 椴树的木栓形成层最早发生于什么组织？为什么？

2. 结合学过的理论与观察到的植物材料，说明如何区别老根与老茎。

第五章　植物叶的组成与结构

实验一　叶的组成

一、实验目的

掌握被子植物叶的基本形态特征，并能够正确运用形态学术语加以描述。

二、实验内容

观察叶的组成和外部形态特征。

三、实验用品

1. 材料　杨、刺槐、山皂荚、酢浆草、橘、七叶树、三叶木通、冬青卫矛、皱皮木瓜、夹竹桃、小檗、蒲公英、大麦、扁穗雀麦、旱金莲、银杏、鸡爪槭、樱桃、竹、芭蕉、玉簪、雪松、侧柏、圆柏等植物的叶或腊叶标本。

2. 器材　镊子。

四、实验过程

（一）双子叶植物叶的组成

典型双子叶植物的叶一般由叶片、叶柄和托叶3部分组成，由这3部分组成的叶称为完全叶（图2-5-1），缺少其中任何一部分时，则称为不完全叶。叶的扁平部分为叶片，有背腹之分。在叶片内分布着疏密不等的网状叶脉，居中的粗大叶脉是主脉，两侧的分枝为侧脉，侧脉仍可反复分枝为更细小的叶脉，统称为细脉。叶柄位于叶片基部，是连接叶片与茎的部分，有支撑叶片的作用，常可扭曲生长而改变叶片的位置和方向，使叶片之间不致相互重叠。叶柄基部两侧的小叶状物为托叶，有些植物有，有些植物无，有的植物在叶刚展开时有托叶，

叶片

叶柄
托叶

图 2-5-1　杨的完全叶

后期托叶脱落。因此判断一种植物是否有托叶，要观察不同时期的植株才能确定。

（二）禾本科植物叶的组成

禾本科植物的叶一般由叶片、叶鞘、叶舌、叶耳构成。叶片呈细长条形，平行叶脉，中脉较粗大；叶鞘常包围在茎四周，具有支持叶片和保护幼茎的作用；叶舌位于叶片和叶鞘相连处的内侧，为呈舌状的膜质片状物；叶耳一般位于叶鞘与叶片交界线的外缘。注意识别叶舌、叶耳（图2-5-2）。叶鞘与叶片连接处的外侧呈环状，称为叶颈，它是一个具有不同色泽的环，具有弹性及延伸性，可以调节叶片的位置。叶舌、叶耳的形态、大小、色泽及有无常为禾本科植物分类的依据，如大麦叶耳明显，稗草则不具叶耳。

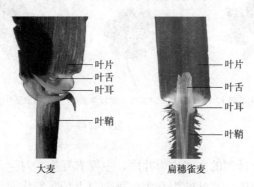

大麦   扁穗雀麦

图 2-5-2　禾本科植物的叶

（三）单叶和复叶

叶分为单叶和复叶。一个叶柄上只有一个叶片的称为单叶；一个叶柄上有两个或两个以上的小叶，则称为复叶。复叶的叶柄称为总叶柄或总叶轴，总叶柄上生有二至多个叶片。因此，判断一个叶是单叶还是复叶，首先必须正确判定总叶柄。一般情况下，叶柄基部总会有托叶或腋芽，因此总叶柄可根据托叶和腋芽来判断。

1. 单叶　如杨树叶等。

2. 复叶　常见的复叶类型有如下几种（图2-5-3）。

（1）羽状复叶　小叶排列在叶轴的左右两侧，类似羽毛状。如刺槐的叶为奇数羽状复叶，山皂荚的叶为偶数羽状复叶。

（2）掌状复叶　小叶集中在总叶轴的顶端，排列如掌状，如七叶树等。

（3）三出复叶　每个小叶轴上生3个小叶，如果3个小叶柄等长，称为掌状三出复叶，如酢浆草等；如果顶端小叶柄较长，称为羽状三出复叶，如三叶木通等。

（4）单身复叶　单身复叶是含有 3 个小叶但只有顶端一个小叶发育成熟的叶，如橘等。

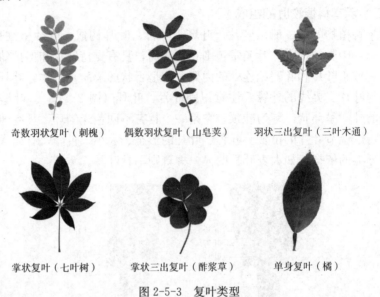

奇数羽状复叶（刺槐）　　偶数羽状复叶（山皂荚）　　羽状三出复叶（三叶木通）

掌状复叶（七叶树）　　掌状三出复叶（酢浆草）　　单身复叶（橘）

图 2-5-3　复叶类型

（四）叶序

植物叶在茎上排列的方式称为叶序，主要有互生、对生、轮生、簇生和基生。每个节上只着生一片叶的为互生；每个节上相对着生两片叶的为对生；每个节上着生 3 片及以上叶的为轮生；多枚叶着生于一短缩茎上的为簇生；多枚叶着生于茎基部近地面茎上的为基生（图 2-5-4）。

叶互生（皱皮木瓜）　　叶对生（冬青卫矛）　　叶轮生（夹竹桃）

叶簇生（小檗）　　叶簇生（雪松）　　叶基生（蒲公英）

图 2-5-4　叶序类型

（五）叶的基本形态

叶片形态也是植物分类的主要依据。对植物叶片形态的描述从叶全形、叶尖、叶基、叶缘、叶脉和叶裂等方面进行。

1. 叶全形 叶片的形态主要根据长宽的比例和最宽处的位置来确定，有阔卵形、卵形、倒卵形、披针形、圆形、椭圆形、长椭圆形、倒披针形、条形和剑形等。

2. 叶尖 叶尖指叶片的前端，包括尾尖、锐尖、渐尖、钝尖、尖凹和倒心形等。

3. 叶基 叶基指叶片的基部，包括楔形、偏斜形、圆形、戟形、心形、耳垂形和箭形等。

4. 叶缘 叶片的边缘称为叶缘，有全缘、波形、钝齿、牙齿、锯齿等。

5. 叶裂 叶片边缘有深浅和形状不一的凹陷称为叶裂或者缺刻。两个叶裂之间的叶片称为裂片。按照叶裂的深浅、裂片排列的方式，分为浅裂、深裂、全裂、羽状裂和掌状裂等。

6. 叶脉 叶脉在叶片上呈现出的分布方式称为脉序，常见的脉序类型有羽状脉、掌状脉、弧形脉、平行脉和射出脉等（图2-5-5）。

掌状脉（鸡爪槭）　　羽状脉（樱桃）　　叉状脉（银杏）　　直出平行脉（竹）

射出脉（旱金莲）　　　侧出脉（芭蕉）　　　弧形脉（玉簪）

图2-5-5 脉序类型

五、课堂作业

观察实验课上植物的叶，说明其属于哪种叶的形态。

六、思考题

如何判断叶轴和小枝？

实验二　叶的结构

一、实验目的

1. 掌握双子叶植物和单子叶植物叶的结构特征，并掌握其异同点。
2. 了解 C_4 植物（玉米）与 C_3 植物（小麦）叶结构特点上的区别。

二、实验内容

观察双子叶植物和单子叶植物叶的结构。

三、实验用品

1. 材料　桃叶横切片、玉米叶横切片、水稻叶横切片、小麦叶横切片等。
2. 器材　生物显微镜。

四、实验过程

（一）双子叶植物叶的结构

取桃叶横切片于显微镜下观察，叶主要由表皮、叶肉和叶脉三部分组成（图 2-5-6、图 2-5-7）。

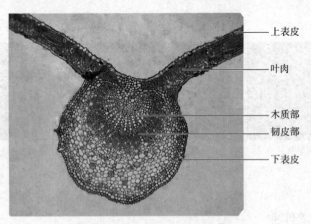

图 2-5-6　桃叶主脉部分横切面

右侧标注（自上而下）：上表皮、叶肉、木质部、韧皮部、下表皮

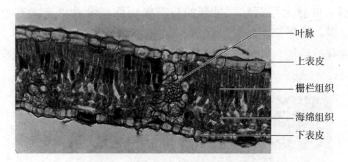

图 2-5-7　桃叶侧脉部分横切面

1. 表皮　表皮分上表皮与下表皮。上表皮由一层排列紧密不含叶绿体的长方形细胞组成，外壁具有较厚的角质层；下表皮的构造与上表皮的构造相同，但角质层较薄，并能看见气孔器的横断面，在气孔的上方可看到一些较疏松的叶肉细胞围成的气室（孔下室）。

2. 叶肉　叶肉分化为栅栏组织与海绵组织。栅栏组织紧贴上表皮，由 1～2 层排列紧密且整齐的圆柱状细胞组成，细胞内叶绿体含量多；海绵组织位于栅栏组织和下表皮之间，由排列疏松、形状与大小不规则的细胞组成，细胞内叶绿体含量少，细胞间有较大的间隙。叶肉是植物进行光合作用的主要部位，尤以栅栏组织最为主要。

3. 叶脉　在切片中叶脉有横切和纵切两种断面。主脉较大，由主脉进行分枝形成侧脉。主脉包埋在基本组织中，较大的叶脉上下两列有机械组织分布。叶脉维管束的木质部靠近上表皮，韧皮部靠近下表皮。在较大的叶脉中，木质部和韧皮部之间尚有形成层。侧脉维管束的组成趋于简单，木质部和韧皮部只有少数几个细胞，但一般具有薄壁细胞形成的维管束鞘。

（二）单子叶植物叶的结构

取小麦或水稻叶片横切片，置于显微镜下观察，可见到以下构造（图 2-5-8、图 2-5-9）。

1. 表皮　小麦叶表皮分为上表皮、下表皮，均由一层细胞组成。表皮由表皮细胞、表皮毛、气孔器和上表皮泡状细胞（或称运动细胞）构成。表皮细胞外壁角质层增厚，并高度硅化，形成一些硅质和栓质乳突及附属毛。泡状细胞位于两维管束之间，呈扇形，外壁无角质层增厚。上下表皮均有气孔分布，可见保卫细胞和副卫细胞的横切面。

2. 叶肉　叶肉无栅栏组织和海绵组织之分，属等面叶。叶肉细胞不规则，其细胞壁向内皱褶，形成具有"峰、谷、腰、环"结构的叶肉细胞。水稻叶中有发达的气腔。注意比较小麦叶与水稻叶的不同。

3. 叶脉 叶脉为平行脉，见到的只有横切面。维管束有大有小，维管束鞘为两层细胞，外层细胞较大、壁薄、含少量叶绿体，内层细胞小、壁厚，为 C_3 植物所独有的结构。叶脉上下方都有机械组织将叶肉隔开而与表皮相连，属有限维管束。

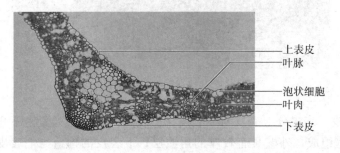

图 2-5-8　小麦叶横切面结构

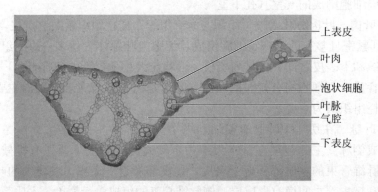

图 2-5-9　水稻叶横切面结构

取玉米叶横切片置于显微镜下观察（图 2-5-10）：其结构与小麦叶基本相似，叶片由表皮、叶肉和叶脉构成。表皮由表皮细胞、气孔器、泡状细胞和表皮毛构成。叶肉细胞同形，没有栅栏组织和海绵组织之分。叶脉是有限维管束，叶脉上下方都有机械组织将叶肉隔开而与表皮相连。维管束外只有一层由较大薄壁细胞组成的维管束鞘，构成维管束鞘的细胞内含有大而浓密的叶绿体。围绕维管束鞘有一层呈放射状紧密排列的细胞，这些细胞中所含的叶绿体较维管束鞘细胞中的小一些，这种结构称为花环形结构，这是 C_4 植物所独有的结构。

注意比较 C_3 植物与 C_4 植物维管束鞘的差异，即有无花环形结构（图 2-5-11）。

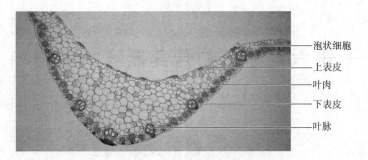

泡状细胞
上表皮
叶肉
下表皮
叶脉

图 2-5-10　玉米叶横切面结构

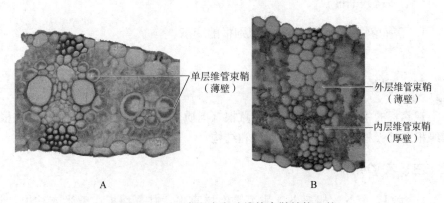

单层维管束鞘
（薄壁）

外层维管束鞘
（薄壁）

内层维管束鞘
（厚壁）

A　　　　　　　　　　　　　B

图 2-5-11　玉米和小麦叶维管束鞘结构比较
A. 玉米叶维管束鞘　B. 小麦叶维管束鞘

五、课堂作业

1. 绘桃叶通过主脉横断面局部结构图，并注明各部分名称。
2. 绘小麦或玉米叶横断面局部结构图，并注明各部分名称。

六、思考题

1. 比较双子叶植物和禾本科植物叶片结构上的异同。
2. 如何在叶的横切面上区别上表皮、下表皮？
3. 为什么在切片中可以见到各种走向的叶脉？
4. 天气干旱时，为什么水稻叶与玉米叶片会向上打卷？
5. 观察叶的横切面，为什么维管束中木质部在上，韧皮部在下？

第六章　植物营养器官的变态

实验一　根的变态类型

一、实验目的

1. 了解植物根的变态类型，识别根的变态。
2. 掌握变态根的主要特征。

二、实验内容

观察根的主要变态类型，即贮藏根（肉质直根、块根）、气生根（支柱根、攀缘根和呼吸根）和寄生根的形态和结构。

三、实验用品

1. 材料　萝卜、胡萝卜、甜菜等肉质直根，甘薯块根，玉米支柱根，常春藤攀缘根，菟丝子寄生根等新鲜材料及甘薯块根横切片、菟丝子寄主茎横切片等。

2. 器材　生物显微镜、镊子、刀片、培养皿、滤纸等。

四、实验过程

根的变态类型主要分为贮藏根、气生根和寄生根三大类。

（一）贮藏根

贮藏根是植物最常见的变态根。这类变态根主要是适应于贮藏大量的营养物质。依据其来源及形态的不同又可分为肉质直根和块根两类。

1. 肉质直根　它主要由主根（胚根）发育而成，在主根上部还有胚轴（这部分没有侧根发生）和节间很短的茎（在此部分长叶），如萝卜、胡萝卜和甜菜等。

（1）萝卜和胡萝卜的根　先看外形，萝卜根的前端着生叶子的部分称为根头，为节间极短的茎。根头以下不着生侧根的部分称为根颈，它是由下胚轴发育而来。根颈以下开始着生侧根的部分，一直到细长的尾部，称为本根，它是真正的根，由胚根发育而来（图2-6-1A）。胡萝卜外形也可与此类比进行观察（图2-6-1B）。

　　萝卜根的最外面是周皮，里面为次生韧皮部，它们共同构成萝卜根的皮部——萝卜皮，占整个肉质直根的一小部分。皮以内绝大部分为次生木质部，其中薄壁细胞非常发达，贮藏着大量的营养物质。在木薄壁细胞中分散着呈现辐射状排列的导管，并能看到许多射线。初生木质部为二原型，位于根的最中心（图2-6-2A）。

　　再观察胡萝卜根的横断面，胡萝卜根的木质部和韧皮部的比例与萝卜根明显不同，在根的外部除周皮外，次生韧皮部特别发达，即所看到的橙黄色部分，占根中很大一部分比例；而木质部在根的中心，即黄色部分，所占比例小。初生木质部位于根的最中心，也是二原型（图2-6-2B）。

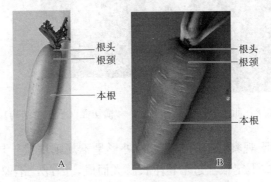

图2-6-1　萝卜和胡萝卜根的外部形态
A. 萝卜　B. 胡萝卜

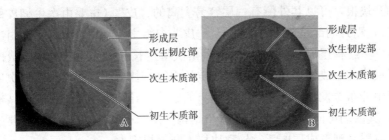

图2-6-2　萝卜和胡萝卜根的横切面
A. 萝卜　B. 胡萝卜

　　（2）甜菜根　观察甜菜根的外部形态，它和萝卜、胡萝卜大体相同，但其内部结构和增粗过程却与后两者大不相同。甜菜根除正常的初生和次生结构外，还能产生三生结构。在根的横断面上所看到的许多层环状的同心圆，即为三生结构，甜菜根的增粗主要依靠这些不断产生的三生结构。三生结构是在次生结构的基础上由一种称为副形成层的三生分生组织分裂活动产生的。副形成层最初是由中柱鞘衍生而来，由内向外分裂出大量的薄壁细胞，并在若干部位向外分化出三生韧皮部，向内分化出三生木质部，构成许多呈环状排列的三生维管束，在根的横断面上所看到的许多同心圆上的点状物即为三生维管束。以后再由三生韧皮部外层的薄壁细胞产生新的副形成层，继续形成第二圈三生结构，如此重复，可产生许多圈三生结构，一般可达 8～12 层，甜菜根也因此增粗。在根的最外层为周皮，最中心为二原型的木质部（图 2-6-3）。

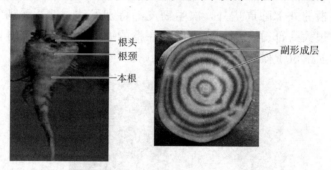

根头
根颈
本根
副形成层

图 2-6-3　甜菜根外部形态（左）和横切面（示三生结构）（右）

2. 块根　肉眼观察甘薯的变态根，外形呈不规则块状。与肉质直根不同，块根主要由侧根或不定根经过增粗生长膨大而成，因此，不像萝卜和胡萝卜那样每株植物体只形成一个肥大直根，在一株植物上可以形成多个块根。块根表面着生数列侧根，侧根着生处有时可见不定芽。

切开块根，可见其外侧有一层容易剥离的"皮"（主要由次生韧皮部和周皮构成），剥开的部位为维管形成层，"皮"内为主要食用部分（主要由次生木质部及三生结构组成）。甘薯块根也是由次生生长和三生生长增粗形成的，但其副形成层的形成不像甜菜那样有一定的规律。甘薯块根中有大量的次生木质部，其中分布着发达的薄壁组织和零星的导管，导管周围有副形成层（额外形成层），其活动可向内、向外产生三生结构（图 2-6-4）。块根发育主要是由于维管形成层和副形成层的活动导致块根不断增粗肥大。

（二）气生根

气生根主要由不定根发育形成，生长于地面之上，有支持功能，也有吸收或其他功能。

1. 支柱根　观察玉米、高粱的支柱根，在茎基部节上着生许多不定根，它们有一定的吸收作用，但主要起支持茎秆的作用，故又称支持根（图 2-6-5A）。

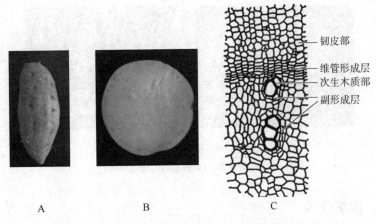

图 2-6-4 甘薯块根外部形态（A、B）和横切面（C）

2. 攀缘根 观察常春藤的攀缘根，细长的茎的一侧产生很多不定根，根能分泌黏液，以攀缘他物，具有攀缘作用（图 2-6-5B）。

3. 呼吸根 落羽杉生长在沿海，它们有一部分根从腐泥中向上生长，暴露在空气中，形成呼吸根。呼吸根组织疏松，适宜于输送和贮存空气（图 2-6-5C）。

图 2-6-5 气生根类型

A. 玉米的支柱根 B. 常春藤的攀缘根 C. 落羽杉的呼吸根

（三）寄生根

菟丝子无叶，不能进行光合作用，它借助于由不定根转化成的吸器（称为寄生根）钻入寄主茎内，主要靠吸收寄主的营养而生活。观察菟丝子具寄生根的腊叶标本及制片，观察其寄生根，并注意寄生根与寄主维管组织的联系（图 2-6-6）。

图 2-6-6　菟丝子的寄生根

A. 寄生根　B. 寄主茎的横切面

五、课堂作业

绘制观察到的各变态根基本形态结构图，注明各部分结构名称并标注根的变态类型。

六、思考题

举例说明根的变态类型。

实验二　茎的变态类型

一、实验目的

1. 了解植物茎的变态类型，识别茎的变态。
2. 掌握变态茎的主要特征。

二、实验内容

观察茎的主要变态类型，地上茎和地下茎的形态和结构。

三、实验用品

1. 材料　马铃薯的块茎、洋葱和大蒜的鳞茎、荸荠和芋的球茎、姜和菖蒲的根状茎、西番莲的茎卷须、梨属的茎刺、绒毛皂荚的茎刺、仙人球的肉质茎、竹节蓼的叶状茎、卷丹的小鳞茎、薯蓣的小块茎等。

2. 器材　生物显微镜、镊子、刀片、培养皿、滤纸等。

四、实验过程

茎的变态类型主要有地上茎的变态和地下茎的变态两大类。

（一）地上茎的变态类型

1. 茎刺　茎刺是由腋芽发育而成，具有保护功能。取绒毛皂荚等植物的枝条进行观察，可见某些侧枝变成针刺状，绒毛皂荚的茎刺有时会出现分枝（图 2-6-7A）。

2. 茎卷须　茎卷须是由一些攀缘植物部分顶芽或腋芽不发育成枝条而形成的卷曲的细丝，用来缠绕其他物体，使植物体得以攀缘生长。观察西番莲的茎卷须，其是由腋芽变态而成（图 2-6-7B）。还有一些植物的茎卷须（如黄瓜和南瓜等）是由腋芽变态而来，葡萄的茎卷须则是由顶芽变态而来。

3. 肉质茎　有些植物为了适应干旱环境，叶片高度退化或呈刺状，茎变得肉质多汁，通常呈绿色，能进行光合作用。观察仙人球的肉质茎，茎呈扁圆形、柱状等，粗壮、绿色，而叶往往退化为刺（图 2-6-7C）。

4. 叶状茎　叶状茎是茎转化成的扁平的绿色叶状体。植株叶完全退化（膜状）或不发达，由叶状茎代替叶片进行光合作用。观察竹节蓼，发现它们的叶都有不同程度的退化，茎扁化成绿色叶状体，其上有节，并具有腋芽等茎的特征（图 2-6-7D）。

图 2-6-7　地上茎的变态

A. 绒毛皂荚的茎刺　B. 西番莲的茎卷须　C. 仙人球的肉质茎　D. 竹节蓼的叶状茎
E. 卷丹的小鳞茎　F. 薯蓣的小块茎

5. 小块茎和小鳞茎　有些植物花间或叶腋常生有小球体，具有肥厚的小鳞片，称为小鳞茎，也称为珠芽，如卷丹的叶腋具有小鳞茎（图 2-6-7E）。但是有的植物的腋芽形成肉质小球，不具鳞叶，类似块茎，称为小块茎，如薯蓣的叶腋具有小块茎（图 2-6-7F）。

（二）地下茎的变态类型

1. 块茎　有些植物的地下茎的末端形成膨大而不规则的块状，这种地下茎称为块茎，最具代表性的是马铃薯。取新鲜的马铃薯块茎，观察其上有顶芽，叶退化，留有叶痕，其腋部是凹陷的芽眼，每个芽眼内可有一至多个腋芽，芽眼上面有退化的鳞叶，称为芽眉。将相邻的芽眼连线，芽眼呈螺旋状排列（图 2-6-8A）。

取马铃薯块茎将其横切，用肉眼进行观察，可见自外向内依次为周皮、皮层、外韧皮部、形成层、木质部、内韧皮部和髓等。外韧皮部与木质部均有发达的薄壁组织，少量的输导组织散生其中；内韧皮部与髓的外层细胞共同组成环髓区，中央为具放射状髓射线的髓（图 2-6-8B）。

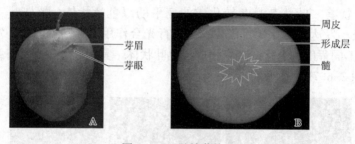

图 2-6-8　马铃薯块茎

A. 外部形态　B. 横切面

2. 根状茎　根状茎匍匐生长于土壤中，形状似根，但具明显的节和节间，节处有时具顶芽、侧芽和不定根。观察姜、菖蒲等植物的根状茎，注意节、节间以及节上退化的鳞片状叶，观察节上是否有腋芽存在（图 2-6-9A、B）。

3. 鳞茎　取新鲜的洋葱将其纵切，观察洋葱鳞茎的纵切面，基部呈圆盘状、坚硬木质化的部分为鳞茎盘，鳞茎盘是节间极度缩短的茎，顶端有一个顶芽，下面着生很多肉质鳞叶，最外面几层变为膜质，叶腋可生腋芽（图 2-6-9D）。

观察大蒜的鳞茎，与洋葱为同一类型，但略有区别。大蒜在幼嫩时，整个鳞茎和鳞叶均可食用，当抽薹开花后（成熟期），鳞茎发生木质化而变硬，鳞叶干枯呈膜质，而鳞叶间肥硕的腋芽（俗称"蒜瓣"，又称子鳞茎）成为主要的食用部分，顶芽发育成蒜薹（又称花葶）（图 2-6-9C）。

4. 球茎　观察荸荠和芋的肥硕地下茎，呈球状。顶端有粗壮的顶芽，节与节间明显，节上有干膜质鳞片叶和腋芽（图 2-6-9E、F）。

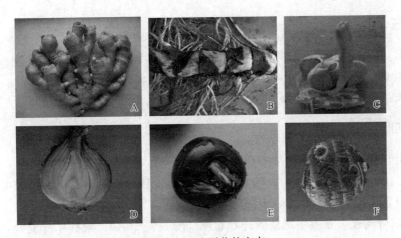

图 2-6-9　地下茎的变态
A. 姜　B. 菖蒲　C. 大蒜　D. 洋葱　E. 荸荠　F. 芋

五、课堂作业

绘制观察到的各变态茎基本形态结构图，注明各部分结构名称并标注茎的变态类型。

六、思考题

1. 举例说明茎的变态类型。

2. 变态根与变态茎最明显的区别是什么？怎样从外形和内部结构上说明马铃薯的薯块是茎的变态，而甘薯的薯块是根的变态？

实验三　叶的变态类型

一、实验目的

1. 了解植物叶的变态类型，识别叶的变态。

2. 掌握变态叶的主要特征。

二、实验内容

观察叶主要变态类型如苞片、鳞叶、叶卷须、叶刺、捕虫叶等的形态和结构。

三、实验用品

1. 材料 叶子花的总苞、牛尾菜和草藤的叶卷须、仙人球的叶刺、刺槐的托叶刺、猪笼草的捕虫叶、金合欢的叶状柄、洋葱和大蒜的鳞叶等。

2. 器材 生物显微镜、放大镜、镊子、刀片、培养皿、滤纸等。

四、实验过程

叶可塑性最大，发生变态最多。

1. 鳞叶 观察洋葱、大蒜等鳞茎上的膜质和肉质的叶，都称为鳞叶。肉质鳞叶能够贮藏营养物质，干鳞叶有保护作用。

2. 叶卷须 观察牛尾菜的托叶卷须（图 2-6-10A）。观察草藤复叶，其顶端的 2～3 对小叶变成了卷须，适于攀缘生长（图 2-6-10B）。

3. 叶刺 观察仙人球上螺旋状排列于茎节上的叶刺。观察刺槐枝条叶柄基部的两枚刺，为托叶刺（图 2-6-10C）。

图 2-6-10 叶的变态
A. 牛尾菜　B. 草藤　C. 刺槐　D. 猪笼草　E. 叶子花　F. 金合欢

4. 捕虫叶 有些植物的叶变态成为盘状或瓶状，为捕食小虫的器官，称为捕虫叶，如猪笼草。观察猪笼草的捕虫叶。其叶柄分为 3 部分，基部呈扁平的假叶状，中部呈细长的卷须状，先端为瓶状的捕虫器，而叶片为覆盖于"瓶"口之上的"瓶盖"（图 2-6-10D）。

5. 总苞和苞片　生于花下的变态叶，称为苞片，一般较小，仍呈绿色；位于花序基部的许多苞片，称为总苞。观察叶子花花序基部的总苞（图 2-6-10E）。

6. 叶状柄　金合欢叶片不发达，叶柄转化为扁平的片状，并具有叶片的功能，称为叶状柄（图 2-6-10F）。

五、课堂作业

绘制观察到的各变态叶的基本形态结构图，注明各部分结构名称并标注叶的变态类型。

六、思考题

1. 举例说明叶的变态类型。
2. 举例说明茎刺和叶刺有何不同。
3. 举例说明同功器官和同源器官的区别。

第七章 被子植物花的组成与结构

实验一 花的组成与花序类型

一、实验目的

1. 认识被子植物花的外部形态和组成。
2. 掌握花解剖的基本技能，并学会使用花程式描述花的结构。
3. 掌握被子植物常见花序的类型与特征。

二、实验内容

观察花的基本组成和花序的类型。

三、实验用品

1. 材料 秋子梨、白菜、粉花槐、桃、小麦等植物的花或花序的新鲜材料。

2. 器材 体视显微镜、放大镜、载玻片、镊子、解剖针、刀片、培养皿、滤纸等。

四、实验过程

(一) 花的组成

被子植物的花通常包括花梗、花托、花萼、花冠、雄蕊群和雌蕊群 6 个部分（图 2-7-1）。

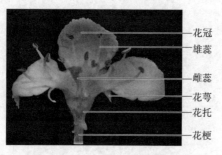

图 2-7-1 秋子梨花的基本组成

花的解剖通常有两种方法，一种是从花的中轴作纵剖，另一种是自外向内按顺序逐层剥取花的各部分进行观察。一般开花时，雌蕊较小，注意从形态和结构上分辨单雌蕊、离生单雌蕊和复雌蕊。合生心皮可以通过分离的柱头或花柱判断心皮的数目，也可以通过横剖子房观察，这样既可以了解心皮的数目，还可以观察到不同的胎座类型。

取几种被子植物的花，使用解剖针在体视显微镜下进行解剖观察。

1. 白菜花的组成 4 个绿色花萼与 4 个黄色花瓣排列成"十"字形（图 2-7-2A、B）；雄蕊 6，四强雄蕊，每个雄蕊由 1 条细长的花丝和膨大的花药组成；雌蕊分 3 部分，下面膨大的部分为子房，子房上面的柱状物为花柱，花柱上端稍膨大的部分为柱头（图 2-7-2C）。

图 2-7-2 白菜花的组成
A. 背面观 B. 正面观 C. 雌、雄蕊

2. 桃花的组成 5 个绿色花萼，离生；5 个粉红色花瓣组成花冠，与花萼互生；雄蕊在花托边缘作轮状排列，数目多，每一雄蕊由花丝和花药两部分组成；雌蕊由 1 个心皮组成（单雌蕊），着生于杯状花筒底部的花托上，其顶端稍膨大的部分为柱头，基部膨大部分为子房，柱头和子房之间的细长部分为花柱。

3. 粉花槐花的组成 绿色花萼钟状，基部合生，上部有 5 个裂片（图 2-7-3A）；花冠（蝶形花冠）白色或淡紫色，由 5 个形状不同的花瓣组成，最外面近于扁圆形的 1 个大瓣为旗瓣，其内为宽卵形、基部具爪的两个侧生翼瓣，最里面为两个花瓣合生成半圆形的龙骨瓣（图 2-7-3B）；雄蕊 10，其中 1 枚离生，9 枚下部连合成筒状，为二体雄蕊；雌蕊偏扁，被包围在 9 枚联合雄蕊筒状结构之内，柱头毛刷状（图 2-7-3C）。

4. 小麦花的组成 小穗基部有 2 个颖片，居下位的为外颖，居上位的为内颖。小穗中有数个小花。用镊子从小穗轴基部摘取正常发育的 1 朵小花，由外向内剥离小花的各部分，然后用放大镜观察小花的结构。小花外面有 2 个稃片，最外面的 1 个为外稃，外稃的中脉延长成芒状，里面 1 个为内稃，薄膜状，有 2 条明显的叶脉；外稃基部里面有 2 个小型囊状突起，即浆片。雄蕊

图 2-7-3　粉花槐花的组成

A. 花序　B. 蝶形花冠离析图　C. 雌、雄蕊

3，其花丝细长，花药较大；雌蕊 1，2 个心皮合生，柱头 2 裂，呈羽毛状，花柱短而不明显，子房上位，1 室。

（二）花序类型

1. 无限花序　主轴在开花期间，可以继续生长，向上伸长，不断产生花芽。各花的开放顺序是花轴基部的花先开，然后向上方顺序推进，依次开放，或者花由边缘先开，逐渐趋向中心。取各种植物的花序标本，了解无限花序常见类型与特征。

2. 有限花序　与无限花序相反，有限花序的花轴顶端或最中心的花先开，开花的顺序为自上而下或自内向外。取各种植物的花序标本，识别花序类型，了解有限花序常见类型与特征。

五、课堂作业

1. 写出白菜、桃、小麦的花程式。

2. 简述花的基本组成。

3. 简述花序的类型。

六、思考题

小麦花中的浆片相当于花组成中的哪一部分结构？

实验二　雄蕊的发育与结构

一、实验目的

1. 掌握不同发育时期花药的解剖结构。

2. 了解花粉的形态，掌握花粉的类型。

二、实验内容

观察百合幼嫩花药和成熟花药的结构。

三、实验用品

1. 材料　百合幼嫩花药横切片、百合成熟花药横切片，玉米雄穗、百合新鲜花药或花粉装片。

2. 器材　生物显微镜、载玻片、盖玻片、镊子、刀片、吸水纸等。

3. 试剂　蒸馏水、醋酸洋红染液等。

四、实验过程

（一）花药的解剖结构观察

1. 百合幼嫩花药解剖结构观察　取百合幼嫩花药横切片，先用低倍镜观察，可见花药呈蝶状（图 2-7-4），有 4 个花粉囊，左右对称，中间有药隔相连，药隔中有维管束，再换高倍镜从外向内观察。

（1）花药壁　百合幼嫩花药的花药壁由表皮、药室内壁、中层和绒毡层 4 个部分组成。表皮为花药最外面的一层细胞；药室内壁是位于表皮之内的一层细胞，其细胞近于长方形；中层是位于药室内壁以内的 2～3 层较小而扁的细胞；绒毡层位于中层内方，是花药壁最内的一层大型薄壁细胞，此层细胞的细胞质浓厚，有营养功能。

（2）花粉母细胞　在绒毡层以内，药室中有许多彼此分离呈圆形的细胞，即为花粉母细胞。

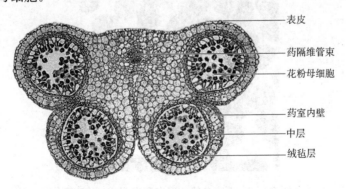

图 2-7-4　百合幼嫩花药横切面

2. 百合成熟花药解剖结构观察　另取百合成熟花药横切片在显微镜下观

察（图2-7-5），与幼嫩花药相比，其结构已发生了很大变化。

（1）花药壁　百合成熟花药的花药壁最外层为表皮，表皮内方的药室内壁上出现了明显的不均匀带状增厚，此时称为纤维层，绒毡层已完全退化，中层常保留一层扁平的细胞。与此同时，花药一侧的2个药室之间的隔膜解体，两室相互连通。由于纤维层不均匀收缩，药室开裂，花粉由开裂处散出。在药室开裂处可看到体积较大、细胞质浓厚的薄壁细胞，称为唇细胞。

（2）花粉　每个花粉母细胞已经形成4个成熟花粉，在高倍镜下仔细观察药室内的成熟花粉。另取百合花粉装片，可看到花粉有2个明显的核，其中一个较大的为营养核，另一个较小的为生殖核。

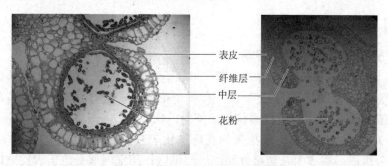

　　　　　　　　　　　　　　　　　　　　表皮
　　　　　　　　　　　　　　　　　　　　纤维层
　　　　　　　　　　　　　　　　　　　　中层
　　　　　　　　　　　　　　　　　　　　花粉

图2-7-5　百合成熟花药的结构

（二）花粉的形态与发育

1. 花粉形态的观察　取新鲜百合成熟花药，用解剖针蘸取百合花粉制作临时水装片，然后在显微镜下观察即可（图2-7-6）。

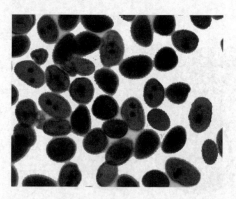

图2-7-6　百合花粉的形态和发育（二细胞期）

2. 花粉的发育　观察花粉发育过程，可从百合成熟花药切片中找到，也可对玉米花药进行压片观察。方法是取玉米孕穗期到抽穗开花前各时期的玉米穗，用镊子自小花中取出花药，放在载玻片上，切断花药，挤出花粉，用醋酸洋红染液染色后观察。在显微镜下可以找到花粉的单核期、双核期（二细胞期）和三核期（三细胞期）。

五、课堂作业

绘百合幼嫩花药结构图。

六、思考题

1. 比较百合幼嫩花药和成熟花药结构的不同。
2. 成熟花粉的结构如何？花粉母细胞是如何发育至成熟花粉的？

实验三　雌蕊的发育与结构

一、实验目的

1. 掌握子房、胚珠及胚囊的结构。
2. 了解胚珠、胚囊的发育过程及成熟胚囊的结构。

二、实验内容

观察百合子房横切的结构。

三、实验用品

1. 材料　百合子房横切片（示胚珠结构）、百合胚囊各个发育时期永久制片等。

2. 器材　生物显微镜。

四、实验过程

（一）百合子房解剖结构的观察

取百合子房横切片（示胚珠结构），在低倍镜下观察子房，可见百合子房由 3 个心皮彼此连合而成，构成具有 3 个子房室的复雌蕊。外围的壁为子房壁，子房壁内外两面各有 1 层表皮，两表皮之间为多层薄壁细胞，其中分布着维管束；中间的室称为子房室，在子房室中每个心皮的内侧边缘上各有一纵列胚珠，在整个子房内，共有 6 列胚珠；每个子房室在横切面上只看到 2 个胚珠（图 2-7-7）。

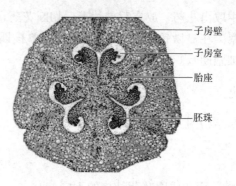

图 2-7-7　百合子房横切面

　　选择一个通过胚珠正中的切面，仔细观察胚珠。百合胚珠是倒生的，以珠柄着生于子房中间的胎座（中轴胎座）上，由珠柄与胎座相连，逐步移动切片，寻找珠被、珠孔、合点、珠心和胚囊几个部分。

　　1. 珠被　珠被是包在胚珠外围的薄壁组织，一般分 2 层，分别称为外珠被和内珠被。但在百合胚珠中，在近珠柄的一面，只有 1 层珠被。

　　2. 珠孔　内外珠被不是完全密封的，其顶端不闭合，所保留的孔隙，称为珠孔。注意百合珠孔与珠柄在同一侧，所以百合胚珠属倒生胚珠类型。

　　3. 合点　在珠心基部，珠心与珠被连合的部位为合点，子房中的维管束就是通过珠柄经合点到达胚珠内部的。

　　4. 珠心　包在珠被里面的部分为珠心。

　　5. 胚囊　珠心中部有一个大的囊状结构，即胚囊。成熟胚囊内有 7 个细胞（或 8 个核），靠近珠孔端有 3 个细胞，居于中间的细胞形状较大，为卵细胞，两侧的 2 个细胞较卵细胞略小，为助细胞，三者共同构成卵器；靠近合点端，也有 3 个细胞，称为反足细胞；在胚囊中间可寻找到极核或中央细胞。

　　6. 珠柄　胚珠与胎座相连接的部分为珠柄。

　　（二）百合胚囊的发育与结构观察

　　取百合胚囊各个发育时期的永久制片，置于生物显微镜下观察，识别胚囊母细胞时期、二分体和四分体时期、胚囊发育时期、成熟胚囊时期（图 2-7-8）。

　　在早期的胚珠中，珠被尚未包被到珠心顶端，在珠心表皮下有一个较大的细胞为孢原细胞。百合胚珠属于薄珠心类型，孢原细胞位于表皮下，起大孢子母细胞的作用。在发育较晚的切片中，胚珠内可看到胚囊母细胞经过减数分裂，形成 4 个排列成行的大孢子。百合胚囊的发育属于贝母型，即 4 个大孢子核一起参与胚囊的形成。

　　（1）胚囊母细胞时期　观察胚囊母细胞时期，主要观察百合幼嫩子房横切

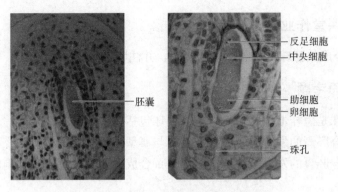

图 2-7-8　百合成熟胚囊的发育与结构

片内中轴上的胚珠发生情况，可以看到在有些切片中，胚珠刚发生，仅为一个突起，即胚珠原基；有些切片中，胚珠的珠心已发育形成，外珠被、内珠被也已发育成熟，位于珠心中央的孢原细胞进一步发育，细胞明显大于周围细胞，这就是胚囊母细胞；还有的切片中，胚囊母细胞内出现了染色体，说明已经进入减数分裂。

（2）二分体和四分体时期　此时百合胚珠的 2 层珠被已发育完全，胚珠已倒转过来，可以看到胚囊母细胞正经历减数分裂。第一次分裂形成 2 个大小相同的细胞核，称为双核细胞，接着此二核进行减数分裂的第二次分裂，形成 4 个大小相等的细胞核，即形成 4 个大孢子，称为四分体时期。4 个大孢子核的染色体数目均为母细胞染色体数目的一半，为单倍体。注意百合胚囊母细胞的 2 次核分裂，都不伴随胞质分裂，即无细胞壁的形成。

（3）胚囊发育时期　百合为贝母型胚囊，4 个大孢子核均参与胚囊的发育。百合的 4 个大孢子核形成后，首先是 3 个大孢子核移向合点端，珠孔端只留下 1 个大孢子核。此后，大孢子核进行有丝分裂，合点端的 3 个核先合并成 1 个三倍体核，再进行分裂，形成了 2 个细胞核（三倍体）；珠孔端的核正常分裂，形成 2 个小的细胞核（单倍体）。此时胚囊内出现了 2 个大核和 2 个小核，称四核胚囊。然后，这 4 个核再各进行一次有丝分裂，形成具有 4 大 4 小的八核胚囊。

（4）成熟胚囊时期　八核胚囊形成后，珠孔端和合点端各有一个核移向胚囊中央，相互靠拢形成 2 个极核，并与周围的细胞质组成中央细胞。合点端的 3 个大核进一步发育成 3 个反足细胞；珠孔端的 3 个小核，分别发育成卵细胞和 2 个助细胞，构成卵器，于是七细胞八核胚囊发育成熟，这就是成熟胚囊。

五、课堂作业

绘百合成熟胚珠（示胚囊）结构图，并注明各部分名称。

六、思考题

1. 胚珠是怎样形成的？百合倒生胚珠包括哪些部分？
2. 百合胚囊的发育属于哪种类型？与蓼型胚囊发育过程有什么不同？
3. 百合胚囊的发育经历哪些时期？百合成熟胚囊由哪些细胞构成？

实验四　被子植物的花粉萌发与双受精过程

一、实验目的

1. 掌握人工诱导花粉萌发试验，学会测定花粉生活力的方法。
2. 了解花粉萌发及花粉管生长过程。
3. 掌握双受精过程。

二、实验内容

通过观察了解被子植物花粉萌发及双受精的过程。

三、实验用品

1. 材料　小叶锦鸡儿、水稻、玉米、陆地棉、小麦等新鲜花粉，小麦双受精过程切片等。

2. 器材　生物显微镜、体视显微镜、镊子、恒温培养箱、培养皿、载玻片、盖玻片、滤纸等。

3. 试剂　5%～20%蔗糖溶液、马铃薯培养基、苯胺蓝染液、40%甘油等。

四、实验过程

（一）花粉的离体萌发

取几种不同植物的成熟花药，分别将花粉撒在滴有 5%～20%蔗糖溶液的载玻片上，花粉要浮在溶液表面，置于 25 ℃的恒温培养箱中；或将花粉撒在事先准备好的涂抹有一薄层马铃薯培养基的载玻片上，将载玻片放进铺有粗滤纸的培养皿中，加适量水，以保持湿度，然后将培养皿置于 25 ℃恒温培养箱中进行人工培养，以诱导花粉萌发。在开始培养后间隔一定时间（0.5 h、1 h、2 h、3 h……），取出载玻片在体视显微镜下观察花粉的萌发情况，可粗略计算其萌发率。不同植物花粉萌发所需蔗糖溶液浓度和培养温度不同，故可经过试验，选择萌发良好的花粉管进行观察（图 2-7-9）。

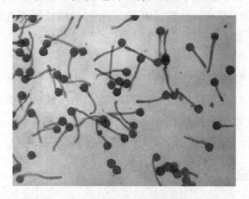

图 2-7-9　小叶锦鸡儿花粉的离体萌发

（二）花粉在柱头上的萌发和花粉管在花柱中的生长

花粉经传粉落到雌蕊柱头上后，在适宜的条件下，即开始萌发。各种植物花粉的萌发时间不同，如水稻为 2～3 min，玉米为 5 min，陆地棉、小麦为 1～2 h。可以按照不同植物花粉萌发的时间，截取柱头和花柱，进行固定和染色，观察花粉在柱头上萌发和花粉管在花柱中的生长状况。

取传粉后不同时期的小麦（或玉米）雌蕊，截取花柱和柱头，滴几滴苯胺蓝染液，盖上盖玻片，在盖玻片的一侧滴少许 40% 甘油，于另一侧用滤纸将染液吸出。反复几次，使甘油完全浸入盖玻片为止。在生物显微镜下观察，花粉管被染成蓝色，柱头组织则为无色或淡蓝色。如有条件，可用荧光显微镜观察，效果更好。

（三）双受精作用

花粉管穿过胚囊壁进入 1 个助细胞后破裂，里面的内含物溢出，其营养核解体消失，进入胚囊的 2 个精细胞，其中一个与卵细胞融合，另一个与中央细胞的 2 个极核融合。当精细胞、卵细胞融合时，二者的膜首先接触，并发生质膜的融合，接着精核与卵核融合，卵细胞受精后形成合子（$2n$），以后发育成胚；精细胞与中央细胞的融合过程与精细胞、卵细胞融合大致相同，中央细胞受精后形成初生胚乳核（$3n$），将来发育成胚乳。这种由 2 个精细胞分别与卵细胞、中央细胞融合的现象称为双受精，是被子植物所特有的。双受精后，反足细胞和另一个助细胞解体。

取小麦双受精过程切片，可观察到：

①花粉管进入胚囊，并向助细胞中倾入精细胞。观察小麦胚珠珠孔端的卵器，其卵细胞较大，鸭梨形，一侧紧贴有助细胞，转动细调焦螺旋可看到助细胞中有染色较深的1个或2个精细胞。

②有1个精细胞进入卵细胞，开始了精核与卵核融合过程；在有些切片的卵核中可见到2个大小不同的雌、雄性核仁，说明精细胞与卵细胞融合正在进行中。

③精细胞与中央细胞融合过程进行很快，往往难以获得切片。一般切片为初生胚乳核已形成，并开始核分裂；或者精核与极核即将完成融合，在合并的极核中可看到2个大的雌性核仁和1个小的雄性核仁；另一些切片中则已有2个胚乳游离核形成，游离核一般较大，其中常有2~3个核仁，较易辨认。

五、课堂作业

通过本实验的观察，简述花粉管的形成和双受精现象。

六、思考题

1. 植物为了适应异花传粉有哪些形态结构上的特征？
2. 异花传粉比自花传粉在后代的发育过程中更有优越性，原因是什么？

第八章　种子的发育与结构

实验一　种子的基本结构

一、实验目的

通过各种类型种子的解剖观察，了解种子的基本形态和结构。

二、实验内容

观察不同类型植物种子的形态和结构。

三、实验用品

1. 材料　蓖麻、菜椒、菜豆、花生、玉米等植物的浸泡果实或种子，小麦籽粒纵切片。

2. 器材　生物显微镜、体视显微镜、解剖针、放大镜、培养皿、刀片、吸水纸、镊子等。

3. 试剂　0.003%稀碘液。

四、实验过程

（一）双子叶植物有胚乳种子形态结构观察

1. 蓖麻种子形态结构观察　取浸泡好的蓖麻种子，先观察其形态。蓖麻种子呈椭圆形，外种皮较坚硬，有光泽，具黑褐色花纹；种子的一端有海绵状突起为种阜；种孔被种阜遮盖，种脐不明显；在种子的一面种皮上有条状突起为种脊（图2-8-1A）；剥去外种皮，可见白色薄膜状的内种皮，里面为胚乳和胚。

用刀片将胚乳沿狭窄面纵切为两半，可以看到仅贴胚乳内方有两个薄片，即两片子叶，子叶具有明显脉纹；两片子叶近种阜端有一圆锥状突起，即胚根；胚根后端夹在两子叶间的一个小突起为胚芽；连接胚芽与胚根的部分为胚轴（图2-8-1B、C）。

2. 菜椒种子形态结构观察　菜椒种子呈卵状、扁平。种皮浅黄色，表面

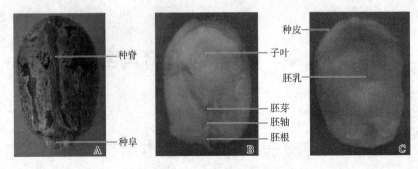

图 2-8-1 蓖麻种子的结构

A. 蓖麻种子外观　B、C. 蓖麻种子剖面观

具疣状突起；种脐位于较小一端的凹陷处（图 2-8-2A）；胚弯曲，包藏于富含脂类的胚乳中，有两片细长而弯曲的子叶；胚芽仅为介于两子叶间的一个小突起；胚根和胚轴细长，外观上无明显界限（图 2-8-2B）。

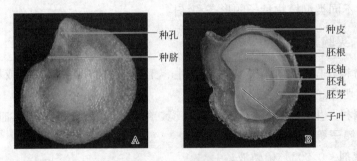

图 2-8-2 菜椒种子的结构

A. 菜椒种子外观　B. 菜椒种子剖面观

（二）双子叶植物无胚乳种子形态结构观察

1. 菜豆种子形态结构观察　取浸泡好的菜豆种子观察。菜豆种子扁平，略呈肾形，外面有革质种皮包被，种皮上常有花纹，具有光泽；在种子稍凹处有椭圆形的斑痕为种脐，它是种子成熟时从果皮脱落后留下的痕迹，在种脐的一端有一小孔为种孔，种子萌发时，胚根多从种孔伸出；靠近种脐的另一端种皮上有一小突起为种瘤，隆起的部分称为种脊（图 2-8-3A）。用刀片自种脊处把种皮割开，可以看到两片肥厚的子叶（豆瓣），掰开两片子叶，可见两片子叶着生在胚轴上，胚轴上端为胚芽，下端为胚根，在胚芽和胚根之间与子叶连接的部分称为胚轴（图 2-8-3B）。

2. 花生种子形态结构观察　花生种子形状一般为椭圆形或圆锥形等。花生种子种皮很薄，红色或红紫色；种子尖端部分有一微小白色细痕即种脐；种

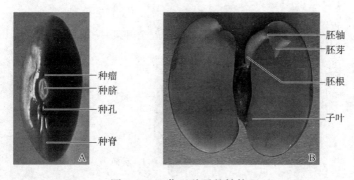

图 2-8-3　菜豆种子的结构
A. 菜豆种子正面观　B. 菜豆种子剖面观

孔不明显（图 2-8-4A）。剥去种皮，可见两片肥厚子叶，乳白色而有光泽，胚轴短粗，子叶着生于两侧，胚轴下端为胚根，上端为胚芽，胚芽夹在两片子叶之间（图 2-8-4B）。

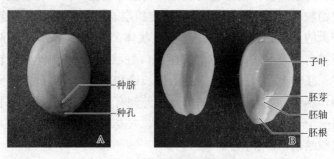

图 2-8-4　花生种子的结构
A. 花生种子正面观　B. 花生种子剖面观

（三）单子叶植物有胚乳种子形态结构观察

在农业生产上，通常称玉米和小麦籽粒为种子，实际是果实。因为玉米或小麦籽粒的种皮与果皮愈合在一起，不易分开，这种果实称为颖果。

1. 玉米籽粒形态结构观察　取浸泡好的玉米籽粒观察。玉米籽粒呈倒卵形，籽粒上端有的有花柱痕迹，有的不明显，籽粒下端有缩短的种柄。籽粒外表是光滑而坚硬的果皮，通常为黄褐色或乳白色。果皮里面有种皮。籽粒的腹面有一凹陷处即玉米种子的胚，果皮内胚以外部分为玉米籽粒的胚乳（图 2-8-5）。用刀片沿短径纵切成两半，在其剖面上加一滴 0.003% 稀碘液，用放大镜观察，果皮和种皮以内被染成蓝紫色的部分为胚乳，胚占据靠腹面基部的一角，被染成橘黄色，仔细观察胚，可识别出胚芽、胚轴、胚根和一片大型盾片（子叶），胚芽鞘呈鞘状套在胚芽的外面，胚根外套有胚根鞘。

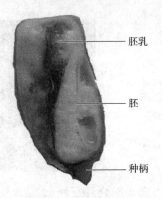

胚乳

胚

种柄

图 2-8-5　玉米籽粒纵切面

2. 小麦籽粒形态结构观察　取小麦籽粒纵切片置于生物显微镜下，由外向内观察其解剖构造。最外面是果皮和种皮愈合层；向内有 1~2 层排列整齐的细胞，内含许多糊粉粒，称糊粉层；糊粉层以内是许多大型薄壁细胞，其内贮藏许多淀粉粒，称淀粉层，糊粉层与淀粉层合起来为胚乳；在靠胚乳的一侧，有一较大的且与胚乳紧贴在一起的叶状体，称盾片（子叶）；胚乳和盾片之间有一层排列紧密的细胞，称上皮细胞（柱状细胞）；子叶与胚轴相连的部位称子叶节；胚轴上端为胚芽，胚芽由生长锥和幼叶组成，外有胚芽鞘；胚轴下端为胚根，胚根外方附有胚根鞘；胚轴外侧有一突起为外胚叶（图 2-8-6），是退化的另一个子叶。玉米、水稻、高粱、大麦和谷子等禾本科植物的籽粒结构与小麦籽粒结构基本相同。

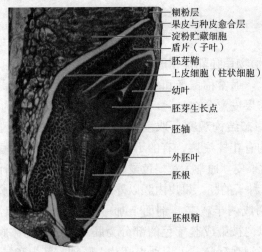

糊粉层
果皮与种皮愈合层
淀粉贮藏细胞
盾片（子叶）
胚芽鞘
上皮细胞（柱状细胞）
幼叶
胚芽生长点
胚轴
外胚叶
胚根
胚根鞘

图 2-8-6　小麦籽粒纵切面（示胚部分）

(四) 单子叶植物无胚乳种子的形态结构观察

慈姑种子很小，可借助放大镜，或在 10× 显微镜下观察，其外观呈卵形，种子较尖的一端分布有种脐和种孔。在体视显微镜下，将种子的种皮轻轻剥下，观察种胚的整体形状，并观察胚根、子叶、胚芽和胚轴在胚体中的分布位置。

五、课堂作业

1. 本实验观察了哪些种子？各是哪种类型的？
2. 绘菜豆种子内部结构图，并注明各部分结构名称。
3. 绘小麦胚示意图，并注明各部分名称。

六、思考题

1. 菜椒种子的种孔有什么作用？
2. 在小麦籽粒纵切面中，有时在胚轴上能看到类似胚根的结构，它是什么？
3. 胚的各部分结构分别能发育成植物体的哪一部分？

实验二 种子的发育

一、实验目的

1. 掌握双子叶植物胚及胚乳的发育过程。
2. 掌握单子叶植物胚及胚乳的发育过程。

二、实验内容

观察双子叶植物和单子叶植物胚和胚乳的发育过程。

三、实验用品

1. 材料 荠菜子房纵切片（示幼胚）、荠菜子房纵切片（示成熟胚）、小麦子房纵切片等。

2. 器材 生物显微镜。

四、实验过程

(一) 双子叶植物荠菜胚与胚乳的发育

双子叶植物胚的发育一般经历原胚时期、心形胚时期、鱼雷形胚时期、成熟胚时期等几个阶段。

取不同发育时期荠菜子房纵切片，置于低倍镜下观察，可见荠菜子房呈现三角形（图2-8-7），在子房中间有一假隔膜，胚珠着生在假隔膜的边缘。

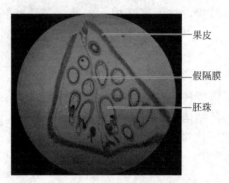

果皮

假隔膜

胚珠

图 2-8-7　荠菜子房纵切面

选一个完整的胚珠观察，寻找胚发育的不同时期。

1. 原胚时期　从受精卵经过第一次横分裂形成二细胞的原胚开始，到球形胚阶段，均为原胚时期。此时，顶细胞经数次分裂形成原胚，初生胚乳核已进行若干次核分裂，但尚未见有胚乳细胞形成，为游离核阶段（图2-8-8A）。

2. 心形胚时期　球形胚前端两侧细胞分裂加快，形成两个突起，为子叶原基，胚体在纵切面观呈心形，为心形胚时期。此时，部分胚乳游离核的周围出现细胞壁，逐渐形成胚乳细胞（图2-8-8B）。

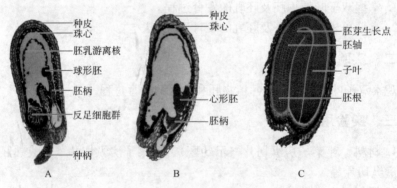

种皮
珠心
胚乳游离核
球形胚
胚柄
反足细胞群
种柄

种皮
珠心
心形胚
胚柄

胚芽生长点
胚轴
子叶
胚根

A　　　　　　　　　　B　　　　　　　　　　C

图 2-8-8　荠菜幼嫩及成熟种子

A. 球形胚阶段　B. 心形胚时期　C. 成熟胚时期

3. 鱼雷形胚时期　此时期子叶明显伸长，分化出胚芽、胚根和胚轴。由于下胚轴和子叶迅速伸长，胚体呈鱼雷形，胚囊珠孔端已经开始形成胚乳细胞，而合点端还有胚乳游离核存在。此时，胚囊中胚乳已减少，将来发育成无胚乳种子。

4. 成熟胚时期　胚珠弯生占满整个胚囊，此时胚已分化出子叶、胚芽、胚轴和胚根 4 个部分，胚乳大部分已被吸收，还残存有少量胚乳细胞（图 2-8-8C）。成熟的荠菜种子为无胚乳种子。

（二）单子叶植物小麦胚和胚乳的发育

取小麦子房纵切片，置于显微镜下观察，可见小麦子房中着生一倒生胚珠，注意区分胚珠各部位结构。

1. 原胚时期　小麦合子的第一次分裂，常是倾斜的横分裂，形成 1 个顶细胞和 1 个基细胞，接着它们各自再分裂一次，形成 4 个细胞的原胚。4 个细胞又不断从不同方向进行分裂，增大胚的体积。原胚呈椭圆形，无明显胚柄，仅在珠孔端稍尖。当形成合子及二细胞原胚时，初生胚乳核已经历了几次有丝分裂而形成若干胚乳游离核；当原胚发育至十多个细胞时，其珠孔端已有胚乳细胞形成。随着原胚体积的增大，胚乳细胞也逐渐增多，最后充满整个胚囊。

2. 胚分化时期　首先从原胚顶端的侧面开始分化盾片（子叶），盾片相对的一侧分化出胚芽鞘原基，胚芽鞘突起将顶端生长点和叶原基包于其中，还可看到外子叶及胚根进一步分化。在原胚发育后期，胚乳细胞已全部形成，并逐步积累淀粉粒，且其最外层胚乳细胞发育成为糊粉层。

3. 成熟胚时期　成熟胚包括盾片（子叶）、胚芽鞘、幼叶、茎生长点、外子叶、胚轴、胚根和胚根鞘等部分。在胚和胚乳发育的同时，子房壁和珠被发育成为果皮和种皮并愈合在一起，这类果实称为颖果。成熟颖果的绝大部分为胚乳所填充，胚乳细胞中含有大量贮藏物质，其最外层被一层很明显的糊粉层包围。

五、课堂作业

绘荠菜幼嫩种子结构图，并注明各部分名称。

六、思考题

1. 简述荠菜胚的发育过程。在荠菜胚发育过程中，胚囊发生了哪些变化？
2. 荠菜胚乳属于哪种发育类型？成熟荠菜种子内有无胚乳？为什么？

实验三　种子的萌发与幼苗的类型

一、实验目的

了解种子的萌发过程及种子上下胚轴伸长特点与幼苗类型的关系。

二、实验内容

1. 播种植物种子，观察植物种子萌发及幼苗发育的过程。
2. 观察不同植物的幼苗形态，区分幼苗的类型。

三、实验用品

1. 材料　菜豆、豌豆、玉米等植物的幼苗。
2. 器材　纱布、营养钵、花盆、栽培基质等。
3. 试剂　水等。

四、实验过程

具生活力的种子，在适宜条件下，其胚由休眠状态转入活动状态，开始萌发生长，形成幼苗，这个过程称为种子萌发。在种子萌发过程中，由于胚轴伸长情况不同，产生子叶出土和子叶留土两种不同类型的幼苗。

(一) 双子叶植物子叶出土幼苗观察

有些双子叶植物种子在萌发时主要是下胚轴加速伸长，将胚芽和子叶一起推出土面，子叶见光转绿后能进行光合作用，此类种子产生的幼苗为子叶出土幼苗。子叶出土幼苗类型可用菜豆种子做实验观察。

先将菜豆种子用水浸泡，使之吸足水分，然后播种在花盆里，置于温暖、潮湿的地方。当种子萌芽时，每隔 2 d 挖出萌发的菜豆 1 粒，直接进行观察。菜豆种子萌发时，胚根先突破种皮向下生长，然后下胚轴迅速生长伸长，将子叶和胚芽推出土面，接着胚芽发育成主茎和叶，最终长成一株幼苗。

(二) 双子叶植物子叶留土幼苗观察

有些双子叶植物种子萌发时，下胚轴不发育或不伸长，只是上胚轴或胚芽迅速向上生长，形成幼苗的主茎，而子叶始终留在土壤中，此类幼苗类型为子叶留土幼苗。子叶留土幼苗类型可用豌豆种子做实验观察。

观察豌豆幼苗标本，可以看出豌豆种子的萌发也是胚根先突破种皮向外生长，然后上胚轴伸长，下胚轴不伸长，接着胚芽生长成为一株幼苗，结果子叶留在土中，形成子叶留土的幼苗类型。

(三) 禾本科植物幼苗观察

大部分单子叶植物种子萌发时，胚芽鞘套在胚芽外，向外生长，保护胚芽出土，然后胚芽再突破胚芽鞘继续生长，形成幼苗的地上部分。因此，禾本科植物种子萌发过程与双子叶植物出土和留土的种子萌发不相同。

取吸涨的玉米籽粒，在沙箱内播种。当种子开始萌发时，每隔 2 d 取出 1

粒进行观察，直至胚芽突破胚芽鞘为止。玉米籽粒萌发时，是胚根先突破种皮向下生长，胚根伸出 1～3 d 后，在中胚轴基部盾片节的上面长出 3～7 条幼根，同时中胚轴伸长，将胚芽鞘顶出土面，盾片保留在种子中。胚芽鞘生长到一定阶段后停止生长，包被在里面的真叶则迅速生长，最后突破胚芽鞘展出土面。

五、课堂作业

判断菜豆、豌豆、玉米幼苗的类型，子叶出土幼苗有哪些？子叶留土幼苗有哪些？

六、思考题

子叶留土幼苗和子叶出土幼苗是什么原因形成的？

【拓展】

在生物技术高速发展的今天，种质资源已经成为重要的战略资源，也是衡量综合国力的指标之一，关系到国家主权和安全。由于人类活动和全球气候变化对地球环境影响的不断加剧，许多野生植物赖以生存的环境遭受严重破坏，联系实际，谈谈现阶段我国在植物种质资源保存方面采取了哪些做法。

第九章　果实的结构与类型

实验一　果实的结构

一、实验目的

了解真果和假果的结构。

二、实验内容

观察果实的基本特征。

三、实验用品

1. 材料　桃（或杏）、苹果的果实（新鲜的、浸制或干果标本）。

2. 器材　刀片、镊子、解剖针、放大镜等。

四、实验过程

(一) 果实的一般结构

果实由果皮和种子两部分构成，仅由植物花的子房发育形成的果实称为真果，果皮分为外、中、内3层。有些植物的果实除子房外，花的其他部分如花萼、花托、花序轴等也参与了果实的形成，这样的果实称为假果，如苹果、黄瓜等。

(二) 真果和假果的解剖结构

1. 真果　取桃的果实（或杏的果实），将其纵剖，观察果实的纵剖面，外果皮由一层表皮和数层厚角组织所组成，表皮外有很多毛；中果皮为其内肉质肥厚部分，是食用的主要部分；中果皮里面是坚硬的果核，核的硬壳即为内果皮，这3层果皮都由子房壁发育而来。内果皮中可见一粒种子，种子外面被有一层膜质的种皮（图2-9-1）。

2. 假果　取苹果观察与果柄相反的一端，可见有宿存的花萼。苹果是下位子房，子房壁和花托（托杯）合生。用刀片将苹果横剖，可见横剖面中央有5个心皮，心皮内含有种子，心皮的壁部（即子房壁）分为3层，内果皮由木质的厚壁细胞所组成，纸质或革质，比较清楚明显，中果皮和外果皮之间界限不明显，

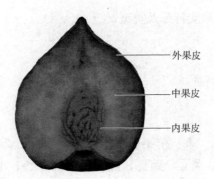

图 2-9-1 桃的结构

均肉质化。近子房外缘为很厚的托杯部分，是食用部分（图 2-9-2）。通常托杯中有萼片及花瓣维管束，作环状排列。注意假果（如苹果）与真果（如桃）的不同之处。

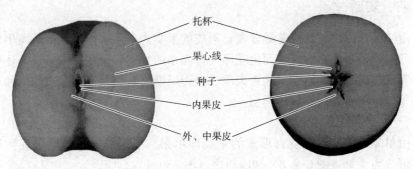

图 2-9-2 苹果的结构

五、课堂作业

1. 绘桃果实纵剖面图，并注明各部分结构名称。
2. 绘苹果果实横剖面图，并注明各部分结构名称。

六、思考题

如何区别真果和假果？

实验二 果实的类型

一、实验目的

1. 了解各类果实的形态特征。

2. 能够正确描述果实特征及类型。

二、实验内容

观察果实的基本特征。

三、实验用品

1. 实验材料 桃、杏、苹果、梨、山楂、草莓、桑、菠萝、无花果、番茄、葡萄、黄瓜、橘、菜豆、豌豆、陆地棉、向日葵、小麦、玉米、榆、槭、榛、胡萝卜、萝卜、蜀葵、苘麻、悬钩子、亚麻、石竹、虞美人、萝摩、八角、藜、益母草、油菜、荠菜、马齿苋、土庄绣线菊、毛果绣线菊、玫瑰和黄刺玫等植物的果实（新鲜的、浸制或干果标本）。

2. 器材 刀片、镊子、解剖针、放大镜等。

四、实验过程

由一朵花内单雌蕊或复雌蕊发育形成的果实为单果；由花中多个离生雌蕊发育形成的果实为聚合果；而由花序发育而来的果实为聚花果。另外，还可根据果实成熟时果皮的形态（是否肉质、是否成熟时开裂及开裂方式等）和胎座类型等，将果实分成不同的类型。

（一）单果

由单雌蕊或复雌蕊发育形成的果实即单果。根据单果成熟后果皮性质不同，可分为干果（图 2-9-3）和肉质果（图 2-9-4）2 类。

1. 干果 果实成熟时，果皮干燥，根据果皮开裂与否，又可将其分为裂果和闭果。

（1）裂果 果实成熟时按不同方式开裂。

① 荚果：由单雌蕊发育而成，子房 1 室，边缘胎座，果实成熟时沿背缝及腹缝两边裂开。取菜豆或豌豆果实，做横切或沿背、腹缝两边分开观察。

② 蓇葖果：由单雌蕊发育而成，子房 1 室，果实成熟时沿背缝线或腹缝线一边开裂。观察八角或萝摩的果实。

③ 角果：由 2 心皮组成的雌蕊发育而成，果实中间有假隔膜，侧膜胎座，成熟时两果瓣沿假隔膜边缘（腹缝线）向上开裂，有的不裂。角果分长角果和短角果。取油菜、萝卜和荠菜果实观察，并加以比较。

④ 蒴果：由复雌蕊发育而成，子房一至多室，开裂方式有多种。

Ⅰ. 背裂：沿心皮背缝线开裂。观察陆地棉果实。

Ⅱ. 腹裂：沿心皮腹缝线开裂。观察亚麻果实。

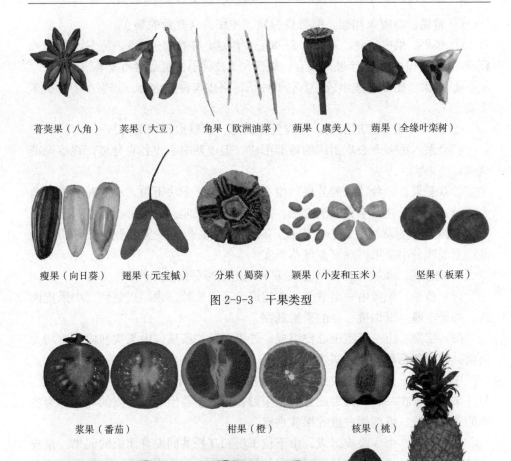

蓇葖果（八角）　　莱果（大豆）　　角果（欧洲油菜）　　蒴果（虞美人）　　蒴果（全缘叶栾树）

瘦果（向日葵）　　翅果（元宝槭）　　分果（蜀葵）　　颖果（小麦和玉米）　　坚果（板栗）

图 2-9-3　干果类型

浆果（番茄）　　柑果（橙）　　核果（桃）

复果（菠萝）

梨果（苹果）　　瓠果（南瓜）　　聚合瘦果（草莓）

图 2-9-4　肉质果、聚合果和复果

Ⅲ. 齿裂：果实顶端开裂成齿状裂片。观察石竹果实。

Ⅳ. 孔裂：果实每一心皮顶端裂成 1 小孔。观察虞美人的果实。

Ⅴ. 盖裂：果实中部横裂，使果实上部呈盖状而脱落。观察马齿苋的果实。

（2）闭果　果实成熟时不开裂。

①瘦果：果实干燥，由 1～3 心皮组成，子房 1 室，种子 1 粒。观察向日葵果实。

②胞果：与瘦果相似，但果皮膜质、疏松。观察藜的果实。

③坚果：果皮坚硬，一般由 2～3 心皮组成，子房 2～3 室，每室均有 1～2 胚珠，但成熟时仅有 1 个胚珠发育，故仅含 1 粒种子。观察榛和板栗的果实。

④颖果：由 2 心皮组成，1 室 1 种子，果皮与种皮愈合。观察小麦、玉米果实。

⑤翅果：由 2 心皮组成，果皮延伸成翅。观察榆和槭果实。

⑥分果：由多个心皮组成的雌蕊形成，但成熟时心皮各自分离。观察蜀葵或苘麻的果实。

⑦双悬果：一种特殊的分果，由 2 心皮组成，子房下位，成熟时心皮分离为 2 瓣，并列悬挂在中央果柄上端。观察胡萝卜果实。

⑧四分小坚果：由 2 心皮组成，成熟时每室产生一假隔膜，子房分成 4 室，形成四分小坚果。观察益母草果实。

2. 肉质果　果实成熟时，果皮或其他组成部分肉质多汁。

（1）核果　果实由一至数个心皮组成。种子 1 粒，内果皮坚硬，中果皮肉质，外果皮薄。纵切桃、杏的果实观察。

（2）浆果　由一至数个心皮组成。外果皮薄，膜质，中果皮和内果皮均为肉质。横切葡萄和番茄果实观察。

（3）柑果　由多数心皮组成。外果皮革质，含有分泌腔，中果皮较疏松，与外果皮结合在一起，内果皮分成若干瓣，瓣内壁着生许多肉质的汁囊，为主要的食用部分。纵剖橘、橙等果实观察。

（4）瓠果　由 3 心皮组成。由下位子房和花托共同发育而成的假果。果皮与花托愈合，外果皮与花托形成坚实的果壁，中、内果皮肉质。将黄瓜、南瓜做横切片观察。

（5）梨果　由 2～5 心皮组成。由下位子房和托杯共同形成的假果，果实大部分是由肉质托杯构成。内果皮纸质、革质或木质。取苹果、梨和山楂果实，做横切面和纵切面观察。

（二）聚合果

一朵花中有许多离生的雌蕊，每个雌蕊形成 1 个小单果，聚合在同一个花托上，称为聚合果。根据小果的种类不同可将其分以下几种类型。

1. 聚合蓇葖果　小果为蓇葖果。观察八角果实。

2. 聚合瘦果　小果为瘦果。取草莓果观察，许多瘦果聚生于肉质花托上，形成 1 个果实。另取黄刺玫或玫瑰果实纵切观察，在壶状花托内有许多瘦果。

3. 聚合核果　小果为核果。观察悬钩子的果实。

取悬钩子、草莓和八角果实，作解剖并观察比较：悬钩子每一小单果为核果，聚合在一起称聚合核果；草莓为聚合瘦果；八角为聚合蓇葖果。注意上述各聚合的小单果在花托上着生的情况。

（三）复果

复果是由整个花序发育而成的果实，故又称聚花果。取桑椹、菠萝和无花果果实做纵剖观察：桑椹各花的子房形成一个小坚果，包在肥厚多汁的花萼中，食用部分为花萼；菠萝的整个花序形成果实，花着生在花轴上，花不孕，食用部分除肉质化的花被和子房外，还有花序轴；无花果的果实是由许多小坚果包藏在肉质化凹陷的花序轴内，食用部分为肉质化的花序轴。

五、课堂作业

取下列植物果实（新鲜的、浸制或干果标本），分别解剖观察，并填写于表 2-9-1 中。

番茄、黄瓜、橘、杏、梨或苹果、大豆、八角、油菜、棉花、向日葵、小麦、榆、栓皮栎、胡萝卜、草莓、无花果等植物果实。

表 2-9-1　植物果实的比较结果

果实类型				植物名称	主要特征	食用部分
单果	肉质果		浆果			
			瓠果			
			柑果			
			核果			
			梨果			
	干果	裂果	荚果			
			蓇葖果			
			蒴果			
			角果			
		闭果	瘦果			
			坚果			
			颖果			
			翅果			
			分果			
聚合果						
复果						

六、思考题

如何区别单果、聚合果和复果？

第十章　植物界的基本类群

实验一　藻类、菌类、地衣植物的特征与代表植物

一、实验目的

1. 辨识原核生物和真核生物的主要特征差异。

2. 通过观察藻类植物主要代表植物的形态、结构及繁殖方式，掌握蓝藻门、绿藻门、硅藻门、褐藻门和红藻门的主要特征，了解它们在植物界的演化地位。

3. 熟悉菌类植物中细菌的主要形态类型，了解细菌与蓝藻的形态差异，观察代表性真菌的显微结构。

4. 通过壳状地衣、叶状地衣和枝状地衣了解常见地衣的生长习性、形态及所附基质的主要差异。

二、实验内容

观察常见藻类、菌类、地衣等低等植物材料或显微形态结构的临时（或永久）制片。

三、实验用品

1. 材料　颤藻、念珠藻、鱼腥藻、水绵、衣藻、轮藻、金黄葡萄球菌、枯草芽孢杆菌、大肠杆菌、黑酵母菌、青霉菌、曲霉菌、根霉菌等临时或永久制片；蓝藻、地木耳、海带、紫菜、香菇等材料或临时水装片；壳状地衣、叶状地衣、枝状地衣实物标本。

2. 器材　生物显微镜、放大镜、载玻片、盖玻片、刀片、培养皿、吸水纸、镊子、解剖针等。

3. 试剂　蒸馏水、碘-碘化钾染液、结晶紫染液、5%氢氧化钾溶液、0.1%亚甲基蓝水溶液等。

四、实验过程

（一）藻类植物

1. 颤藻属（*Oscillatoria*）　用解剖针或镊子挑取少量蓝藻藻丝，置于载玻

片中央的水滴中，制成临时水装片。在低倍镜下选取藻丝较宽且清晰区域，在高倍镜下观察。藻丝由于分泌的胶质将其推向反向而发生颤动，但不形成胶质团。藻丝不分枝，有时部分藻丝呈钩弯曲或作螺旋状转向，端部常渐狭小而变尖细。藻丝由短圆筒形细胞组成，无异形胞。在视野中寻找易混淆的双凹形结构——无色透明的死细胞和深绿色、具胶质的隔离盘，死细胞和隔离盘所间隔的一段藻丝为段殖体（藻殖段）（图 2-10-1）。从盖玻片侧面滴加 0.1% 亚甲基蓝水溶液，染色 1~2 min 后观察细胞中央深蓝色的核物质集中区。另制备碘-碘化钾染液染色的临时水装片，在生物显微镜下可观察到蓝藻淀粉粒染成淡红褐色。

2. 念珠藻属（*Nostoc*）　将温水浸泡好的地木耳或发菜置于培养皿中，用镊子取少量材料置于载玻片中央，加一滴清水，并用镊子或解剖针将材料适当捣碎，盖上盖玻片，用手指轻轻压片或用铅笔的橡皮端轻轻敲击，使得材料均匀散开，在生物显微镜下观察。藻体为多细胞、念珠状的丝状体，单一或多数藻丝在公共的透明的胶质中（图 2-10-2），藻丝平直、弯曲或规则地卷曲，无分枝。藻丝上可见球形、长球形的厚壁异形胞。注意与丝上营养细胞和藻殖段结构的区别。

图 2-10-1　颤藻属　　　　　　　　图 2-10-2　念珠藻属

3. 鱼腥藻属（*Anabaena*）　吸取含有鱼腥藻的水样制成临时水装片，细胞多为圆形或腰鼓形，连接成直的或弯曲的丝状体（图 2-10-3），单一或聚集成团，但无公共的胶质鞘。异形胞较营养细胞略大，两侧常见厚垣孢子。

4. 水绵属（*Spirogyra*）　用镊子挑取少量水绵丝状体制作临时水装片。在生物显微镜下可见不分枝的丝状体，丝状体由圆柱状细胞构成，每个细胞内有一至多条带状叶绿体，呈螺旋状排列，可以在高倍镜下确认所观察的细胞中叶绿体的数目（图 2-10-4）。从盖玻片的一侧滴入碘-碘化钾染液，用吸水纸从盖玻片另一侧将染液吸过去，使藻体染色，这时可看到细胞核被染成黄色，

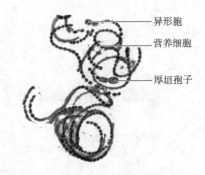

图 2-10-3　鱼腥藻属

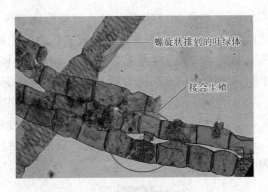

图 2-10-4　水绵属

叶绿体上的造粉体被染成蓝黑色。同时注意观察载色体上蛋白核形态及数目，并确定液泡所在位置。

　　接合生殖是水绵特殊的有性生殖方式。取经过染色的水绵营养体和有性生殖切片，在生物显微镜下观察水绵藻丝、叶绿体及有性生殖方式等的特征。

　　5. 衣藻属（*Chlamydomonas*）　用吸管取一滴含有衣藻的水样或培养液，制成临时水装片。在生物显微镜下可见梨形至卵圆形单细胞体在视野中自由游动。适当调小光圈增加视野对比度，在镜下细胞中寻找杯状的叶绿体（载色体）结构，杯状叶绿体开口处为无色透明细胞质，细胞质中具一近圆形细胞核，而在叶绿体下部内有蛋白核结构。衣藻红色眼点位于衣藻细胞前端的一侧（图 2-10-5）。为了清楚观察衣藻鞭毛结构，需在载玻片的一侧滴上适量碘-碘化钾染液，在载玻片的另一侧用吸水纸将染液吸过去，此时衣藻鞭毛因吸收染液而膨胀加粗，在生物显微镜下好像 2 条灰白色的胶质线，从衣藻细胞顶端伸出。同时衣藻的细胞核被染成棕黄色，叶绿体内的淀粉核被染成蓝黑色。

　　取经过染色的衣藻玻片，在生物显微镜下观察衣藻的叶绿体和鞭毛。

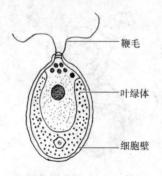

图 2-10-5　衣藻属

6. 轮藻属（*Chara*）　轮藻属植物多大型，以假根固着于水底淤泥中。可取轮藻新鲜材料或液浸标本用放大镜进行外观观察，分辨轮藻的主枝、侧枝、轮枝、假根以及节与节间结构。通常节上生有一轮小枝，小枝也有节和节间之分，小枝的节上生有单细胞刺状突起称为包茎叶，在轮藻的短枝上查找较明显的橘红色藏精器。取生有精子囊和卵囊的轮藻永久切片，在生物显微镜下观察。雌雄生殖器官都生长在短枝的节上，卵囊生于刺状体的上方，呈长卵形，内有 1 个卵细胞，外围有 5 个螺旋状围绕着卵囊的管细胞，每个管细胞上面生有 1 个小的冠细胞（图 2-10-6）。

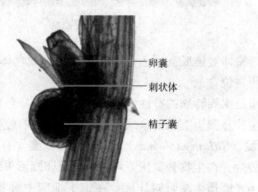

图 2-10-6　轮藻属

7. 海带属（*Laminaria*）　观察海带新鲜标本或干制标本，由带片、带柄和固着器 3 个部分构成。用放大镜在新鲜的带片两面仔细观察，寻找由孢子囊聚集而成的棕褐色的孢子囊群，孢子囊群区域会比带片表面微微突起。用镊子取少量孢子囊制成临时水装片或观察永久切片，可较清晰地看到海带的孢子囊单细胞呈长棒状，里面常有未释放的游动孢子，前后轻微调动细调焦螺旋，可见囊与囊之间是侧丝，通常侧丝比孢子囊长一些。制作海带横向切片或观察永久切片，镜下辨认带片表皮、皮层和髓3个部分（图2-10-7）。

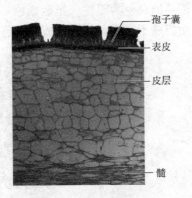

图 2-10-7 海带带片横切

8. 紫菜属（*Porphyra*） 观察紫菜腊叶标本或浸泡后的紫菜标本，藻体薄膜状，紫红色、紫褐色或蓝绿色，藻体基部有一个圆盘形的固着器深入到基质中。在培养皿中将液浸标本展开，取少量藻体进行结构观察。视野中营养细胞形状不规则，细胞间具有较厚胶质；果孢子呈紫红色，细胞排列较整齐，常4个细胞紧密排列在一起（图2-10-8）；精子囊区域为乳白色，细胞排列规则，常16个排在一起。从盖玻片一侧加入碘-碘化钾染液，在生物显微镜下细胞内红藻淀粉发生黄褐色→红色→紫色的颜色变化。

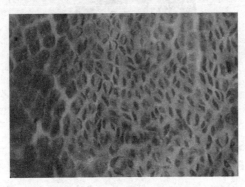

图 2-10-8 紫菜果孢子

（二）菌类植物

1. 细菌门

（1）金黄葡萄球菌（*Staphylococcus aureus*） 菌体形态为球形，革兰氏染色为阳性（呈蓝紫色）（图2-10-9），在培养基中菌落特征表现为圆形，菌落表面光滑，颜色为无色或者金黄色。

（2）枯草芽孢杆菌（*Bacillus subtilis*） 菌体形态椭圆形到柱状，周生鞭毛，无荚膜，能运动，革兰氏染色为阳性（呈蓝紫色）（图 2-10-10），可形成内生抗逆芽孢。菌落表面粗糙不透明，污白色或微黄色。

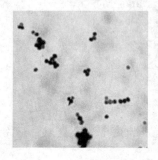 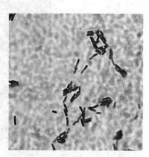

图 2-10-9　金黄葡萄球菌　　　　　图 2-10-10　枯草芽孢杆菌

（3）大肠杆菌（*Escherichia coli*） 菌体短杆状，两端呈钝圆形，革兰氏染色为阴性（呈粉红色）（图 2-10-11）。多数大肠杆菌菌株可形成荚膜结构，但不能形成芽孢。大肠杆菌菌落形态一般是圆形，乳白色，且表面光滑。

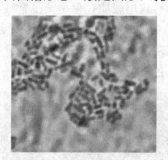

图 2-10-11　大肠杆菌

2. 真菌门

（1）酵母属（*Saccharomyces*） 取黑酵母菌永久切片，镜下观察酵母菌呈圆形、椭圆形或卵圆形，视野中寻找正在进行芽殖分化的酵母细胞（图 2-10-12）。

（2）青霉属（*Penicillium*） 取青霉菌永久切片，孢子梗由菌丝上垂直生出，无色，顶部经多次分枝可形成典型帚状结构。在分生孢子梗顶端产生大量产孢细胞，呈安瓿瓶形或披针形。分生孢子在产孢细胞上连续产生呈链状，单胞，球形、卵形、椭圆形或圆柱形（图 2-10-13）。

（3）曲霉属（*Aspergillus*） 取曲霉菌永久切片，在低倍镜下观察曲霉分生孢子梗由菌丝上的足细胞生出，不分枝，顶端膨大成顶囊，其上着生瓶梗

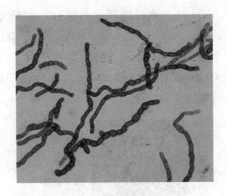

图 2-10-12 酵母属

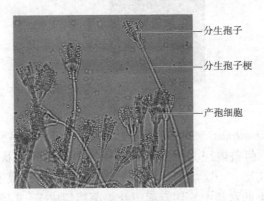

图 2-10-13 青霉属

状的小梗，小梗可单层或多层；在高倍镜下观察小梗上着生成串的分生孢子，呈放射状排列，分生孢子单胞，球形、卵形或椭圆形（图 2-10-14）。

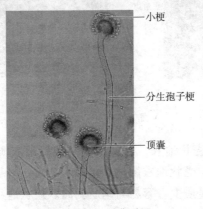

图 2-10-14 曲霉属

（4）根霉属（*Rhizopus*） 取根霉菌永久切片，在低倍镜下可见菌丝无隔膜，具有由菌丝分化的假根和匍匐丝结构，假根和孢子囊梗对生，孢子囊梗顶端单生或丛生，孢子囊梗顶端是球形、褐色的孢子囊，囊轴明显，下面有囊托，孢子囊成熟后有大量淡褐色、球形或卵圆形孢囊孢子释放出来。有性孢子为接合孢子，表面有瘤状突起（图 2-10-15）。

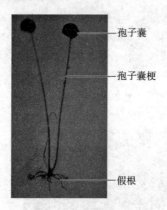

图 2-10-15　根霉属

（5）香菇属（*Lentinus*） 取鲜香菇进行观察，子实体（担子果）呈伞形，由菌盖和菌柄构成，菌盖内层为菌褶，以菌柄为中心呈放射状排布（图 2-10-16A）。菌褶由子实层、子实层基和菌髓 3 个部分构成。用镊子取一小片菌褶，平置于载玻片中央的水滴中，用双面刀片将菌褶切成 5～6 条很细的丝，盖上盖玻片在高倍镜下观察担子和担孢子的结构（图 2-10-16B）。

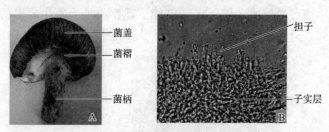

图 2-10-16　香菇属
A. 香菇结构　B. 菌褶结构

3. 地衣门　观察壳状地衣、叶状地衣和枝状地衣实物标本，比较其形态及所附着基质的差异。壳状地衣菌丝直接深入基质，与基质很难剥离。叶状地衣一假根或脐固定在基质上，容易与基质剥离。枝状地衣呈树枝状，直立或下垂，仅基部附着于基质上。

五、课堂作业

1. 绘颤藻结构图，并注明死细胞、隔离盘、营养细胞和藻殖段各部分名称。
2. 绘衣藻结构图，并注明各部分结构名称。
3. 绘海带片横切图，示带片结构和孢子囊结构等。
4. 绘根霉菌和青霉菌形态图，并标注各部分结构名称。

六、思考题

1. 蓝藻门的主要特点是什么？为什么把蓝藻门划入原核生物？
2. 总结衣藻的主要特点及生活史过程。
3. 通过观察，总结海带的生活史。
4. 通过观察紫菜，总结红藻门的主要特征。

实验二　苔藓植物的特征与代表植物

一、实验目的

1. 通过观察，认识苔藓植物主要代表植物的形态、构造。
2. 掌握苔藓植物的特征、生活史及其在植物界的演化地位。
3. 掌握苔纲和藓纲的区别。

二、实验内容

观察常见苔藓植物材料或显微形态结构的临时（或永久）制片。

三、实验用品

1. 材料　地钱、葫芦藓的新鲜或浸制标本，地钱的雌、雄生殖托纵切片，葫芦藓颈卵器及精子器纵切片，藓孢蒴纵切片，藓原丝体装片等。
2. 器材　生物显微镜、放大镜、载玻片、盖玻片、刀片、培养皿、吸水纸、镊子、解剖针等。

四、实验过程

（一）地钱属（*Marchantia*）

地钱喜生于阴湿地方，雄生殖托 4—6 月产生，雌生殖托 5—7 月产生。可将地钱的叶状体带一层薄土采回，在湿土上培养，也可将其胞芽杯的胞芽在土壤中培养。

观察地钱配子体的新鲜或浸制标本，用放大镜可以看到配子体是绿色扁平的叶状体，多次二叉分枝，边缘波状。叶状体有背腹之分，背面生有小杯状物，这是它的胞芽杯。胞芽杯内生有许多胞芽，胞芽是地钱营养繁殖的结构部分。雌雄植物体均可产生胞芽，胞芽与母体性别相同。翻转叶状体，观察其腹面，可看到紫色的鳞片，在鳞片之间有假根。

地钱是雌雄异株植物，雌、雄株上分别形成雌、雄生殖托。雌生殖托伞形，下面有一长柄，上面托盘为圆盘状，周围指状分裂，并向下弯曲，称为芒线。雄生殖托为圆盘状，也有一长柄。

取地钱雌生殖托纵切片，在生物显微镜下观察。可以看到两条芒线之间的基部倒悬着一列颈卵器，颈卵器外有膜质的苞片，称为蒴苞。颈卵器瓶状，细长的部分称为颈部，内有一串小细胞，称为颈沟细胞，膨大的部分称为腹部，内有一个卵细胞，卵细胞与颈沟细胞之间还有一个细胞，称为腹沟细胞（图 2-10-17A）。

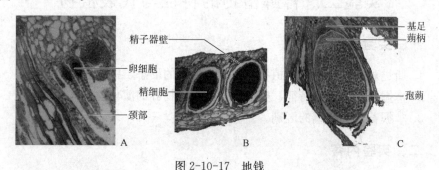

图 2-10-17　地钱

A. 雌生殖托纵切面　B. 雄生殖托纵切面　C. 具孢子体的雌生殖托纵切面

取雄生殖托纵切片，在生物显微镜下观察。可以看到雄生殖托上面有许多精子器腔，在腔内生有精子器。精子器为椭圆形或长卵形，具短柄。精子器壁由单层细胞构成，内有许多具两条鞭毛的精子（图 2-10-17B）。

精子借助水，游入颈卵器内，与卵细胞结合形成合子，合子在颈卵器内先发育成胚，后形成孢子体。孢子体仍倒悬在雌生殖托的芒线下面，不脱离配子体。

取具孢子体的雌生殖托纵切片，在生物显微镜下观察。孢子体生于雌生殖托下方，直接从颈卵器中伸出，其孢子体可分孢蒴、蒴柄和基足 3 个部分。基足埋于颈卵器基部的组织中。蒴柄较短，一端与基足相连，另一端与孢蒴相连。孢蒴是孢子体的主要部分，外面为单层细胞构成的壁所包被，内有圆形的孢子和弹丝（图 2-10-17C）。

（二）葫芦藓属（*Funaria*）

葫芦藓喜生于阴湿的林下、山坡、沟边、路旁。4 月可产生配子体，5 月可见孢子体。观察葫芦藓新鲜或浸制标本。葫芦藓植株矮小，长 1～3 cm，有茎、叶分化，雌雄同株不同枝。用放大镜可以看到雌枝顶端产生雌器苞，其外形似一个顶芽，其中有数个颈卵器和隔丝。雄枝顶端产生雄器苞，其外形似一朵小花，内含许多精子器和隔丝。

取葫芦藓精子器纵切片，在生物显微镜下观察。精子器也着生在茎顶端，长椭圆形，精子器之间也有不育的隔丝（图 2-10-18A）。

取葫芦藓颈卵器纵切片，在生物显微镜下观察。可以看到颈卵器着生在茎顶端，呈瓶状。颈卵器之间有细长的隔丝。颈卵器具长柄，颈部狭长，腹部膨大，构造与地钱相同（图 2-10-18B）。

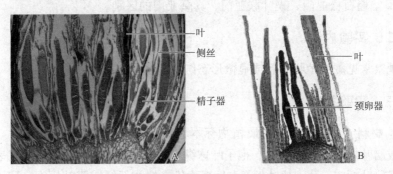

叶
侧丝
精子器

叶
颈卵器

图 2-10-18　葫芦藓
A. 精子器纵切面　B. 颈卵器纵切面

取藓孢蒴纵切片，在生物显微镜下观察。可见孢蒴顶部最外面为蒴盖，蒴盖下面两侧部分是蒴齿，中部膨大部分为蒴壶。蒴壶是孢蒴的主要部分，外有多层细胞构成的蒴壁，中央为薄壁细胞组成的蒴轴。蒴轴周围是造孢组织，造孢组织发育成孢子母细胞，每个孢子母细胞经减数分裂形成 4 个孢子。孢子成熟后借蒴齿干湿伸缩运动而散发，这是葫芦藓与地钱的不同之处。在造孢组织与蒴壁之前，还可看到有排列疏松的细胞，其中有许多孔隙，称为气室。

在生物显微镜下观察藓原丝体装片。原丝体是由孢子萌发形成，它是多细胞的分枝丝状体，由绿丝体、轴丝体和假根组成。其上生芽，芽将来长成具茎、叶的配子体。

五、课堂作业

以地钱和葫芦藓为例，说明苔纲和藓纲的区别。

六、思考题

苔藓植物有哪些主要特征？

实验三　蕨类植物的特征与代表植物

一、实验目的

1. 通过主要代表植物观察，掌握蕨类植物的形态特征、生活史及其在植物界的演化地位。

2. 掌握石松亚门、楔叶蕨亚门、真蕨亚门的区别。

二、实验内容

观察常见蕨类植物材料或显微形态结构的制片。

三、实验材料

1. 材料　石松属、卷柏属植物标本、茎横切片、孢子叶球纵切片，问荆新鲜或腊叶标本、茎横切片、孢子叶球纵切片，鳞毛蕨等常见的真蕨代表植物新鲜或腊叶标本，蘋、槐叶蘋等水生真蕨代表植物新鲜或腊叶标本，蕨地下茎横切片、蕨原叶体装片、蕨幼孢子体装片等。

2. 器材　生物显微镜、放大镜、载玻片、盖玻片、刀片、培养皿、吸水纸、镊子、解剖针等。

四、实验过程

（一）石松亚门（Lycophytina）

1. 石松属（*Lycopodium*）　石松属的植物大多数分布于热带、亚热带，我国南方各地都有分布。

观察石松（*L. clavatum*）的腊叶标本，它们的植物体有根、茎、叶分化。其匍匐茎向上生直立小枝，向下生不定根。茎是二叉分枝，叶细小，呈螺旋状排列在小枝上，孢子叶球着生于直立茎的顶端。用放大镜观察孢子叶球，其孢子叶在孢子叶球轴上，也是螺旋状排列。

取石松茎横切片，在生物显微镜下观察。表皮有气孔。皮层宽，近表皮部分形成机械组织，有时机械组织靠近中柱。茎的中央为中柱，无髓，中柱类型为编织中柱或星状中柱（原生中柱的两种形式）。

取石松孢子叶球纵切片，置生物显微镜下观察。每个孢子叶腹面（近轴面）的叶腋处有一个具柄的孢子囊。孢子囊内的孢子大小一样，即同型孢子。

2. 卷柏属（*Selaginella*）　卷柏也常生于阴湿环境中，在树林、山坡阴湿地方都有卷柏属植物生长。

观察卷柏（*S. tamariscina*）的新鲜或浸制标本。植物体细弱，茎多分枝，常匍匐于地面，具背腹性。许多鳞片状小叶在茎上排列成 4 行，2 行较大，2 行较小，仔细观察，在每个叶腋处生一小片状物，为叶舌。在匍匐茎分枝处还生有无叶的根托，根托顶端生有不定根。孢子叶球生于枝顶。孢子叶的叶腋生孢子囊。

取卷柏茎横切片，在生物显微镜下观察。表皮无气孔。皮层与中柱间有巨大的间隙，是被疏松的长形细胞隔开所形成的，这些细胞称为横桥细胞。中柱类型为原生中柱或多环式管状中柱（图 2-10-19A）。

取卷柏孢子叶球纵切片，在生物显微镜下观察。卷柏的每个孢子叶内侧基部有一个孢子囊，紧靠孢子囊外侧有一个鳞片结构为叶舌。卷柏的孢子囊异形。每个大孢子囊内有 4 个大孢子，每个小孢子囊内有多个小孢子，大孢子叶和小孢子叶同在一个孢子叶穗上，有的是大、小孢子囊分别在穗轴两侧，有的则仅在基部有一个大孢子叶，其余都是小孢子囊（图 2-10-19B）。

卷柏孢子异型，这与石松不同。

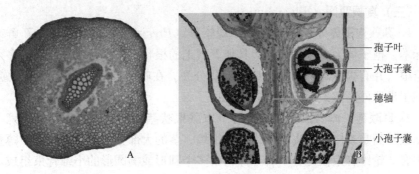

图 2-10-19　卷柏

A. 茎横切面　B. 孢子叶球纵切面

（二）楔叶蕨亚门（Sphenophytina）

观察问荆（*Equisetum arvense* L.）的新鲜或腊叶标本。植物体有地下茎，地上茎和根状茎都有明显的节和节间，每个节间有许多凸出的纵肋，上下2个相邻的纵肋是互生的。根状茎上生不定根。地上茎有营养枝和生殖枝之分，营养枝绿色，节上轮生许多小枝；生殖枝不分枝，无色，顶端单生一孢子叶球。

取问荆茎横切片，在生物显微镜下观察。最外层为表皮。皮层外部有厚壁组织，内侧有大型的空腔为槽腔。维管束与槽腔相间排列，内侧有小型的空腔为脊腔，脊腔是由于原生木质部的解体所致，中央有大型的髓腔（图2-10-20）。

取问荆孢子叶球纵切片，置生物显微镜下观察。孢子叶球中央是穗轴，孢子叶呈螺旋状排列在轴上，注意孢子囊着生的位置，每个孢子囊内有许多同型孢子。孢子的外壁附有弹丝。

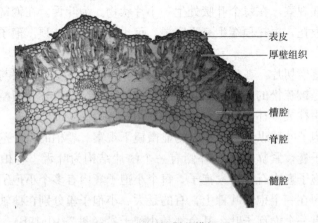

图2-10-20　问荆茎横切面

（三）真蕨亚门（Filicophytina）

1. 真蕨孢子体外部形态特征　观察蕨（*Pteridium aquilinum*）新鲜或腊叶标本。孢子体为多年生草本，具地下横走的根状茎，根状茎上产生许多须状不定根，并有褐色茸毛。叶大型，羽状分裂。在叶的背面边缘生有孢子囊群，在孢子囊群外面有条形的孢子囊群盖。

2. 真蕨孢子体内部结构与发育　取蕨根状茎横切片，在生物显微镜下观察。最外面是表皮，表皮以内为机械组织。茎的大部分是薄壁组织，在薄壁组织中有2轮维管束彼此套生着，外轮由多个圆形或椭圆形的小维管束组成，内轮由2个长条维管束组成，这是中柱结构特征。每个维管束中心为木质部，外围为韧皮部，属同心维管束的周韧维管束。

从蕨叶孢子囊群中，取少许孢子囊，放在载玻片上，用解剖针将材料分开，盖上盖玻片（也可取孢子囊群切片），在生物显微镜下观察（图2-10-21）。每个孢子囊有一个多细胞组成的柄，柄上生一个椭圆形的孢子囊。孢子囊壁由单层细胞组成，其上有特殊细胞组成的环带。环带细胞内切面及两侧的壁加厚，在环带一端和囊柄之间有几个薄壁细胞，称唇细胞。孢子囊内有许多孢子，孢子无大小之分，为同型孢子。孢子成熟后，孢子囊在唇细胞处裂开，散出孢子。

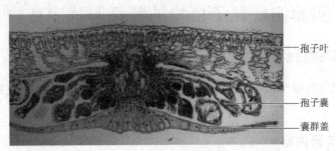

孢子叶

孢子囊

囊群盖

图 2-10-21　蕨叶横切面

取蕨原叶体装片观察。原叶体很小，心脏形。原叶体前端凹陷处是生长点，其腹面的后端有大量假根。精子器、颈卵器同生在原叶体的腹面，精子器球形，位于原叶体腹面后半部假根附近。颈卵器位于原叶体腹面前端凹陷处附近，腹部埋在原叶体组织中，仅颈部露在原叶体表面并向后弯曲，颈卵器内有一个卵细胞。卵细胞受精后形成合子，合子在颈卵器内发育成胚，胚在配子体上发育成幼孢子体。

3. 水生真蕨代表植物

（1）蘋（*Marsilea quadrifolia*）　蘋为亚水生草本，生长在池塘、水沟、水田中，茎匍匐生长，腹面生不定根。叶有长柄，叶柄顶端生有 4 片小叶，呈"田"字形。孢子囊群生于特化的孢子囊果内，孢子囊果矩圆状、肾形，生于叶柄基部，大、小孢子囊在同一孢子囊果内的胶质环上。

（2）槐叶蘋（*Salvinia natans*）　槐叶蘋生于池塘、水田、小溪中。它的外形颇似槐树的羽状复叶。植物体（孢子体）有茎、叶之分，无根。茎匍匐生长，每节 3 叶轮生，上面 2 片叶绿色、扁平，浮于水面，下面 1 片叶裂为细丝，形如须根，沉于水中，称为沉水叶。孢子果着生在沉水叶的短柄上，是由囊群盖变态而成的。孢子果分为大小 2 种，大孢子果较小，果内生有少数大孢子囊，小孢子果较大，内生多数小孢子囊。

五、课堂作业

以蕨为例，说明蕨类植物的主要特征。

六、思考题

举例说明原叶体和原丝体的区别，并解释蕨类植物为何比苔藓植物进化。

实验四　裸子植物的特征与代表植物

一、实验目的

了解和掌握裸子植物各类群的形态结构特征，进而理解裸子植物门的系统分类地位。

二、实验内容

观察裸子植物 4 个纲代表植物的标本。

三、实验用品

1. 材料　苏铁大、小孢子叶干制或浸制标本和精子玻片标本，油松、银杏的新鲜材料以及腊叶标本和大、小孢子叶球浸制标本，松科代表植物雄球花、雌球花的纵切片，买麻藤属和麻黄属植物的腊叶标本。

2. 器材　生物显微镜、放大镜、解剖用具（尖镊子、解剖针、手术刀或双面刀片等）、载玻片、盖玻片、纱布等。

3. 试剂　蒸馏水、常用染色液。

四、实验过程

分别对 4 个纲的代表植物进行观察，着重了解各代表类群在生殖结构方面的差异。

（一）苏铁纲（Cycadopsida）代表植物

观察苏铁（*Cycas revolute* Thunb.）干制的大、小孢子叶标本和苏铁精子玻片标本。

苏铁为常见的常绿乔木，主干粗壮不分枝，顶端生大型羽状深裂的复叶。雌雄异株，大、小孢子叶均生于茎顶。小孢子叶球圆柱形，其上螺旋状排列许多小孢子叶。大孢子叶丛生于茎顶。

观察苏铁大、小孢子叶干制或浸制标本。小孢子叶鳞片状，上面生有大量由 3～5 个小孢子囊组成的小孢子囊群。大孢子叶上部羽状分裂，下部成狭长的柄，柄的两侧有 2～6 枚胚珠。胚珠直生，1 层珠被。珠心顶端有喙和花粉室，珠心的胚囊发育有 2～5 个颈卵器。种子核果状。

（二）银杏纲（Ginkgopsida）代表植物

观察银杏（*Ginkgo biloba* L.）的腊叶标本和大、小孢子叶球浸制标本，解剖新鲜或浸制种子（图 2-10-22）。

银杏是孑遗植物，落叶乔木，有长、短枝之分，长枝为营养枝，短枝为生殖枝。叶扇形；长枝上的叶片常具二裂；叶脉二叉状分枝。小孢子叶球呈柔荑花序状；小孢子叶具短柄，柄端有 2 个小孢子囊组成的小孢子囊群；大孢子叶球极简化，具一长柄，柄端具 2 个环形大孢子叶（珠领），大孢子叶上各生 1 个直生胚珠。种子核果状；种皮分肉质外种皮、骨质中种皮和膜质内种皮。

图 2-10-22　银杏

A. 银杏叶及种子　B. 大孢子叶球　C. 种子纵剖面　D. 种子离析

（三）松柏纲（Coniferopsida）代表植物

本纲植物是现代裸子植物中种类最多、分布最广的类群，常见的 3 科为松科、柏科和杉科。

取油松（*Pinus tabulaeformis*）带叶的小枝观察。可以看到小枝灰褐色，叶针形，2 针 1 束，基部有宿存叶鞘，叶的四周有白色气孔线。在当年生新枝的顶端顶生或侧生数个红色的雌花球，基部簇生数个黄色的小孢子叶球。取油松三年生雌球花，可以看到种鳞呈螺旋状排列在球果轴上。取下 1 片种鳞，腹面能看到 2 枚带翅的种子。种鳞背侧顶端扩大成鳞盾，鳞盾中部隆起为鳞脐，鳞脐中央的小突起称为鳞棘（图 2-10-23）。

取松雄球花（小孢子叶球）纵切片，在生物显微镜下观察。小孢子叶呈螺旋状排列在中央的纵轴上。小孢子叶背面有 1 对长形的小孢子囊。小孢子囊壁由多层细胞构成，内含多数花粉。花粉有 2 层壁，外壁向外膨大，形成 2 个气囊，这种构造能保证花粉随风传播，落在雌球花的胚珠上（图 2-10-24E）。

另取新鲜的雄球花，用解剖针把小孢子囊打开，取成熟的花粉在生物显微镜下观察，可以看到花粉内有退化营养细胞（原叶体细胞）、生殖细胞和管细胞（可用卡宝品红染色显示细胞核）。

取油松雌球花（大孢子叶球）纵切片观察，可以看到雌球花中间也有一纵轴，大孢子叶也呈螺旋状排列。大孢子叶由 2 部分组成，下面薄片为苞鳞，上面肥厚的为珠鳞，每个珠鳞的基部着生 2 个胚珠。每个胚珠有 1 层珠被，珠被包围着珠心，先端形成珠孔。珠心中有雌配子体，成熟的雌配子体包含颈卵器和大量的胚乳（图 2-10-24B）。

图 2-10-23　油松
A. 球果　B. 雌球花纵剖面　C. 种鳞　D. 种子　E. 雄球花纵剖面　F. 花粉

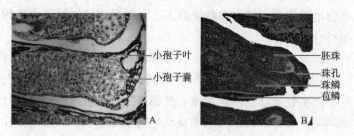

图 2-10-24　油松大、小孢子叶球纵切面
A. 小孢子叶球（部分）　B. 大孢子叶球

（四）盖子植物纲（Chlamydospermopsida）**代表植物**

盖子植物纲是非常特化的一类裸子植物，共有 3 科 3 属 80 余种，即麻黄

属（*Ephedra*）、买麻藤属（*Gnetum*）和百岁兰属（*Welwitschia*），我国有 2 科 2 属 23 种，即麻黄属和买麻藤属，分布遍及全国。

观察买麻藤属和麻黄属的腊叶标本或新鲜材料。注意本纲植物在植物体形态上与其他 3 个纲的差异，领会本纲的进化地位。

五、课堂作业

1. 绘出所观察松科代表植物的大、小孢子叶背腹面结构示意图。
2. 编制所观察的松柏纲植物的定距检索表。

六、思考题

通过本次实验观察，结合理论课的学习，谈谈你对裸子植物各纲之间的系统演化地位的认识。

【拓展】

位于辽宁西北部的阜新市彰武县是世界上首次用樟子松固定流动沙丘的地方。虽然随着时光的流逝、前人的故去，曾经的大漠风流的故事渐渐被人遗忘，但如今年轻一代借助科技让这里快速发展，在"绿水青山就是金山银山"的理念指引下，人与沙不再是对抗关系，而是和谐共生。通过对老一辈坚忍不拔的治沙精神的回顾，谈谈如何坚定建设生态文明的发展理念。

第十一章　被子植物主要分科

实验一　双子叶植物纲（一）

一、实验目的

1. 熟悉和掌握木兰科、毛茛科、罂粟科和壳斗科的识别特征和各科常见植物。
2. 通过对常见植物的形态特征、花或果实解剖结构的观察，学会使用被子植物分科检索表。

二、实验内容

观察木兰科、毛茛科、罂粟科和壳斗科植物的新鲜植株，或具花、果的枝条，以及各科常见植物的腊叶标本。

三、实验用品

1. **材料**　天女木兰、荷花玉兰、毛茛、海罂粟、辽东栎等。
2. **器材**　体视显微镜、解剖针、镊子、刀片等。

四、实验过程

（一）木兰科（Magnoliaceae）

1. 形态特征　木本，单叶互生，托叶大且包被幼芽，脱落后枝上留有大的环状托叶痕。花大，两性，顶生或腋生；花被片6至多数，覆瓦状排列，呈萼片状；雄蕊和雌蕊均多数，离生，螺旋状排列于伸长的花托上；心皮多数，胚珠2列着生于腹缝线上。聚合蓇葖果。种子胚小，具丰富胚乳。

2. 常见植物

（1）天女木兰（*Magnolia sieboldii* K. Koch）　落叶小乔木。取一段天女木兰的新鲜枝条观察，单叶互生，叶片倒卵形，具有明显的托叶痕。取一朵新鲜的花由外向内剥离观察，花白色，花被片9，外轮3，内轮6；雄蕊紫红色，多数，螺旋排列在伸长的花托上，雌蕊群椭圆形。果实为聚合蓇葖果（图2-11-1）。

图 2-11-1 木兰科 天女木兰

A. 花 B. 雌、雄蕊 C. 雌、雄蕊剖面 D. 胚珠 E. 果实 F. 叶痕

（2）荷花玉兰（*Magnolia grandiflora* L.） 乔木。取一段荷花玉兰的新鲜枝条观察，叶厚革质，椭圆形，无托叶痕；花白色，大，花被片 9～12，倒卵形；雄蕊多数，雌蕊群椭圆形，密被长茸毛；心皮卵形。聚合果圆柱状长圆形或卵圆形（图 2-11-2）。

图 2-11-2 木兰科 荷花玉兰

A. 花 B. 雌、雄蕊 C. 雌蕊 D. 花药

（二）毛茛科（Ranunculaceae）

1. 形态特征 草本，稀为灌木或木质藤本。叶互生或对生；单叶或复叶，掌状分裂或不分裂。花两性，稀单性，辐射对称或两侧对称，单生或为聚伞花序或总状花序；萼片3至多数，离生，常呈花瓣状；花瓣3至多数，离生；雄蕊多数，离生，螺旋状排列，有时有退化雄蕊；雌蕊1至多数，离生，子房上位，胚珠1至多数。聚合蓇葖果或聚合瘦果。种子胚小，具丰富胚乳。

2. 常见植物

毛茛（*Ranunculus japonicus* Thunb.） 取一株新鲜的毛茛观察（图2-11-3），植株被柔毛，基生叶和茎下部叶有长柄，叶片3深裂，茎上部叶片无柄。聚伞花序，取一朵花在体视显微镜下观察，花为整齐花，萼片5，淡绿色；花瓣5，黄色，基部具一深色小突起，为蜜腺；雄蕊和雌蕊多数，用镊子将雄蕊去除，观察雌蕊螺旋状排列在突出的花托上。聚合瘦果圆球形。

图 2-11-3 毛茛科 毛茛

A. 叶 B. 单花 C. 花纵剖面（雌、雄蕊）

（三）罂粟科（Papaveraceae）

1. 形态特征 草本或灌木，具黄色、白色汁液；叶互生或对生，常分裂，无托叶。花两性，单生；萼片2或3，早落，呈苞叶状；花瓣4～6枚，或8～12枚排列成2轮；雄蕊多数，分离；心皮2至多数，合生，子房上位，侧膜胎座。蒴果瓣裂或孔裂，种子多数。

2. 常见植物

海罂粟（*Glaucium fimbrilligerum* Boiss.） 取海罂粟新鲜材料观察，草本，茎直立不分枝；基生叶莲座状，叶片大头羽状裂；茎生叶少；萼片早落；花单个顶生。花瓣4，亮黄色；雄蕊多数，花药淡黄色；雌蕊由2心皮构成，子房柱状，密被鳞片，柱头宽，二裂。蒴果线状圆柱形，种子肾状半圆形，黑色（图2-11-4）。

图 2-11-4　罂粟科　海罂粟

A. 植株　B. 单花　C. 雌、雄蕊　D. 雌蕊　E. 种子

（四）壳斗科（Fagaceae）

1. 形态特征　落叶或常绿乔木，稀灌木。芽鳞覆瓦状排列。单叶互生，羽状脉直达叶缘，托叶早落。花单性，雌雄同株；雄花为柔荑花序，下垂，每苞具 1 花，雄蕊 4 至多数；雌花单生或 3 花簇生于总苞内，或再集成穗状或头状花序，有时生于雄花序基部，子房下位，基部 3（6）室，具 3（6）花柱，每室 2 胚珠（一发育，另一退化）。坚果，部分或全部包被于总苞形成的壳斗中。

2. 常见植物

辽东栎（*Quercus liaotungensis* Kiodz.）　落叶乔木。取一段辽东栎新鲜材料进行观察，树皮灰褐色，纵裂；叶片倒卵形至长倒卵形，边缘有齿；雄花序生于新枝下部，花序轴近无毛；花被 6～8 裂，雄蕊 8～10；雌花序生于新枝上端叶腋，花被 6 裂，花柱短，柱头 3 裂。壳斗杯形，包着坚果。坚果卵形至长卵形（图 2-11-5）。

五、课堂作业

1. 写出本次实验所观察的各科代表植物的花程式。

2. 通过对木兰科、毛茛科、罂粟科和壳斗科代表植物的观察，概括各科的主要识别特征。

图 2-11-5　壳斗科　辽东栎
A. 叶片　B. 雄花序　C. 雌蕊　D. 果实

六、思考题

1. 比较木兰科和毛茛科的异同点，思考为什么说木兰科和毛茛科是被子植物中最原始的类群。

2. 通过对木兰科、毛茛科、罂粟科和壳斗科代表植物的观察，选择 5 种植物编写检索表。

实验二　双子叶植物纲（二）

一、实验目的

1. 熟悉和掌握石竹科、藜科、蓼科的识别特征和各科常见植物。

2. 通过对常见植物的形态特征、花或果实解剖结构的观察，学会使用被子植物分科检索表。

二、实验内容

观察石竹科、藜科和蓼科植物的新鲜植株，或具花、果的枝条，以及各科常见植物的腊叶标本。

三、实验用品

1. 材料　石竹、镰刀叶卷耳、藜、荞麦、普通蓼、皱叶酸模等。

2. 器材　体视显微镜、解剖针、镊子、刀片等。

四、实验过程

(一) 石竹科 （Caryophyllaceae）

1. 形态特征　草本，稀灌木。茎节常膨大。单叶对生，全缘，常无托叶。花两性，辐射对称，单生，或成聚伞花序或圆锥花序；萼片 4～5，离生或合生，宿存；花瓣 4～5，常具爪；雄蕊 10，稀 5 或较少；雌蕊由 2～5 心皮合生，子房上位，1 室，特立中央胎座或基生胎座；蒴果。

2. 常见植物

（1）石竹 （*Dianthus chinensis* L.）　取新鲜的石竹植株观察，茎节膨大，单叶对生，全缘。花单生或为二歧聚伞花序，取一朵花在体视显微镜下观察，花两性，辐射对称；萼片 5 裂，连合成筒状，绿色；花瓣 5，分离，顶端齿裂；雄蕊 10，2 轮排列；雌蕊 1，花柱 2 裂，子房上位。子房横切，可见一室胚珠多数，胎座集中于子房室中央，为特立中央胎座 (图 2-11-6)。蒴果包于宿存的萼片内。

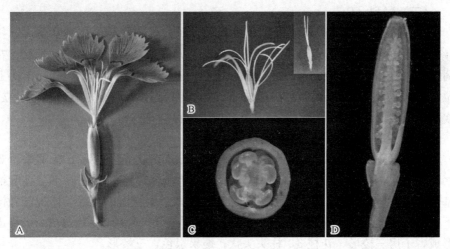

图 2-11-6　石竹科　石竹
A. 花解剖　B. 雌、雄蕊　C. 子房横切面　D. 子房纵切面

（2）镰刀叶卷耳 （*Cerastium falcatum* Bunge）　取新鲜的镰刀叶卷耳植株观察，茎节膨大，单叶对生，全缘。二歧聚伞花序，取一朵花在体视显微镜

下观察，花两性，辐射对称；萼片 5 裂，连合成筒状，绿色，被腺毛；花瓣5，分离，顶端 2 浅裂；雄蕊 10，2 轮排列；雌蕊由 5 心皮连合而成，花柱 5，子房上位。子房横切，可见子房 1 室，特立中央胎座。蒴果为椭圆形，顶端 10 齿裂。

（二）藜科（Chenopodiaceae）

1. 形态特征 草本、半灌木或灌木，常具粉粒状物质。单叶互生，稀对生，常为肉质，无托叶。花常密集簇生形成穗状或圆锥状花序；花小，两性或单性；萼片 2～5 裂，绿色，花后常增大而宿存，无花瓣；雄蕊与萼片同数对生；子房上位，2～5 心皮合成，离生，每室 1 胚珠，柱头 2，稀 3～5。胞果；胚常为环形或螺旋状，具外胚乳。

2. 常见植物

藜（*Chenopodium album* L.） 又称灰条菜，是一种分布很广的杂草。取新鲜藜植株观察，茎直立，具沟槽或条纹；单叶互生，具长柄，叶菱状卵形，叶片正面灰绿色、背面灰白色，用放大镜观察可见很多白色粉粒。藜的花聚集成圆锥花序，取部分花序置于体视显微镜下观察，花为单被花，花被片5，绿色；雄蕊 5，与花被片对生；雌蕊位于花中心，子房上位，柱头 2 裂。从花序下部取一朵较老的花，置于体视显微镜下观察，宿存的花被片内包被着胞果，果皮薄，种子黑色发亮。

（三）蓼科（Polygonaceae）

1. 形态特征 草本，稀为乔木或灌木。茎直立或缠绕，节部常膨大，托叶鞘多膜质抱茎；单叶互生，全缘，稀分裂。总状或圆锥状花序，呈穗状；花两性，稀单性，辐射对称；花被片 3～6 枚，花瓣状宿存；雄蕊 6～9；子房上位，由 2～3 心皮组成，1 室，花柱 2～3，分离或下部结合；胚珠 1，直立。瘦果，三棱形或两面凸形，部分或全部包于宿存的花被内。

2. 常见植物

（1）荞麦（*Fagopyrum esculentum* Moench） 取荞麦的腊叶标本进行观察，茎直立，上部分枝，具纵棱；单叶互生，茎节膨大，叶片三角形，在叶柄基部可见膜质托叶鞘；总状花序或圆锥花序。取一朵浸湿的花置于体视显微镜下观察，花被 5 枚，深裂；雄蕊8，成 2 轮，内轮 3，外轮 5；雌蕊由 3 个心皮形成，子房三棱形，花柱 3，柱头头状；瘦果黑色，三棱形。

（2）普通蓼（*Polygonum humifusum* Merck ex C. Koch） 取普通蓼新鲜材料观察，一年生草本，茎平卧，基部多分枝；叶椭圆形或倒披针形；托叶鞘膜质；花 2～5 朵，生于叶腋（图 2-11-7A）。取一朵花在体视显微镜下观察，花被 5 深裂，长圆形，边缘白色或淡红色；雄蕊 8；雌蕊 1，子房上位，3 心皮连合1室，花柱3；瘦果长卵形，具3棱（图2-11-7B）。

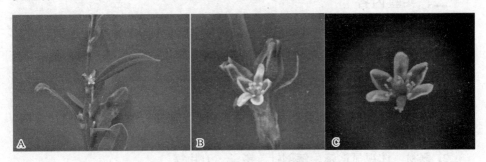

图2-11-7　蓼科　普通蓼
A. 枝条　B. 单花　C. 花解剖

（3）皱叶酸模（*Rumex crispus* L.）　多年生草本，取新鲜的植株进行观察，茎直立，有沟槽，不分枝，无毛；基生叶披针形或长圆状披针形，沿缘皱波状，无毛，茎生叶渐小，具有膜质托叶鞘；圆锥花序狭长。取一朵花置于体视显微镜下观察，花两性，花被6枚，黄绿色，外轮花被椭圆形，内轮花被果期增大，雄蕊6；子房具棱，1室，花柱3。取果实观察，瘦果椭圆形，具3棱。

五、课堂作业

1. 写出本次实验所观察的各科代表植物的花程式。
2. 比较石竹科、藜科和蓼科的异同点。

六、思考题

根据实际情况，选择本实验中的5种植物编写检索表。

实验三　双子叶植物纲（三）

一、实验目的

1. 熟悉和掌握锦葵科、葫芦科、柽柳科、杨柳科、十字花科的识别特征和各科常见植物。
2. 通过对常见植物的形态特征、花或果实解剖结构的观察，学会使用被子植物分科检索表。

二、实验内容

观察锦葵科、葫芦科、柽柳科、杨柳科、十字花科植物的新鲜植株，或具花、果的枝条，以及各科常见植物的腊叶标本。

三、实验用品

1. 材料　陆地棉、野西瓜苗、锦葵、黄瓜、柽柳、红砂、胡杨、垂柳、荠菜、涩荠、菥蓂等。

2. 器材　体视显微镜、解剖针、镊子、刀片等。

四、实验过程

（一）锦葵科（Malvaceae）

1. 形态特征　草本、灌木或乔木，具星状毛。单叶互生，常 5 裂，掌状脉。花两性，5 基数，辐射对称；萼片 3～5 枚，分离或基部合生，常有副萼；花瓣 5 枚，旋转状排列，基部常与雄蕊柱合生；雄蕊多数，花丝结合成圆筒状，称雄蕊柱，单体雄蕊；子房上位，1 至多室，每室具 1 至多数倒生胚珠。蒴果或分果。种子肾形或倒卵形。种子有胚乳。

2. 常见植物

（1）陆地棉（*Gossypium hirsutum* L.）　一年生栽培植物。取陆地棉具花、果新鲜枝条观察，植株茎直立，分枝，具长柔毛；单叶互生，叶片阔卵形，掌状裂；花大，单生于叶腋。取一朵花观察，花最外部具有 3 枚大型苞片，边缘不规则；剥开苞片后，花基部具有 5 枚萼片，合生；花瓣 5 枚，黄色、白色或红色；雄蕊多数花丝联合，花药分离，形成单体雄蕊；用解剖针剥开花丝筒，可见 3～5 花柱，沿花柱找到子房即雌蕊。果实为蒴果，又称为棉桃（图 2-11-8A）。将果实横切，可见中轴胎座。取成熟果实观察，可见蒴果背裂，种子密被白色长棉毛。

（2）野西瓜苗（*Hibiscus trionum* L.）　一年生杂草。取野西瓜苗新鲜材料观察，单叶互生，叶片羽状分裂；花萼钟形，淡绿色，具纵向紫色条纹；花淡黄色，内面基部紫色，花瓣 5，倒卵形，被毛；单体雄蕊，花药黄色；花柱枝 5，无毛（图 2-11-8B）。蒴果长圆状球形。

（3）锦葵（*Malva sinensis* Cavan.）　一年生草本。取新鲜的锦葵材料观察，茎直立，多分枝，被毛；叶肾形，5～7 掌状浅裂；花大，粉紫色，单生或簇生叶腋；副萼 3 片。取果实观察，果实为分果，扁圆形，种子肾形（图 2-11-9）。

图 2-11-8　锦葵科
A. 陆地棉（果实）　B. 野西瓜苗

图 2-11-9　锦葵科　锦葵
A. 花，示萼片　B. 单花　C. 单体雄蕊　D. 分果

（二）葫芦科（Cucurbitaceae）

1. 形态特征　草质或木质藤本。茎匍匐或攀缘，常有沟棱，有卷须。叶互生，常掌状分裂。花单性，雌雄同株或异株。雄花花萼管状，萼片及花冠裂片 5；雄蕊 5，常常 2 对合生、1 枚单生而形似 3 枚，花药常呈"S"形弯曲，为聚药雄蕊；雌花萼筒与子房合生，5 裂；花瓣合生，5 裂；雌蕊由 3 心皮组

成 1 室，子房下位，侧膜胎座，胚珠多数。瓠果，肉质或渐干燥变硬。种子多数，扁平，无胚乳。

2. 常见植物

黄瓜（*Cucumis sativus* L.） 取黄瓜具花、果的新鲜枝条进行观察，为草质藤本；茎具棱，被毛，卷须细，不分枝；叶片掌状浅裂，被毛；花生于叶腋，雄花丛生，雌花单生。取雄花和雌花分别进行观察（图 2-11-10）。雄花花萼与花冠基部连合，花冠黄白色；雄蕊 3，花药弯曲折叠呈"S"形；雌花子房下位，有刺状突起。果实长圆形，表面粗糙具刺尖的瘤状突起。

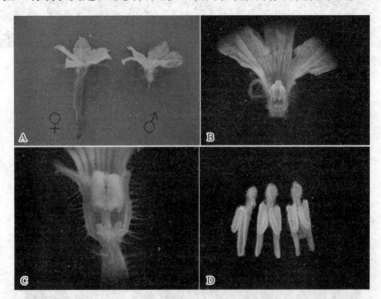

图 2-11-10 葫芦科 黄瓜

A. 单花（左：雌花；右：雄花） B. 雄花纵切面 C. 雌花纵切面 D. 雄蕊花药

（三）柽柳科（Tamaricaceae）

1. 形态特征 灌木或乔木。叶小，多呈鳞片状，互生，无托叶，多具泌盐腺体。花通常集成总状花序或圆锥花序，稀单生，通常两性，辐射对称；花萼 4～5 深裂，宿存；花瓣 4～5，分离；下位花盘常肥厚，蜜腺状；雄蕊 4～5 或多数，常分离；雌蕊 1，由 2～5 心皮构成，子房上位，1 室，侧膜胎座，胚珠多数。蒴果圆锥形，室背开裂。种子多数，被毛或在顶端具芒柱。胚直生。

2. 常见植物

（1）多枝柽柳（*Tamarix ramosissima* Ledeb.） 又称红柳，常见于荒漠地带的盐渍化低地。取腊叶标本进行观察，枝条为红棕色，叶片鳞片状，三角状心形；为总状花序。取浸湿的花放在体视显微镜下观察，花紫红色或淡红色，苞片卵状披针形，宿存；雄蕊 5，雌蕊由 3 个心皮构成，花柱 4，子房上位。取果实观察，蒴果瓣裂，种子顶端被簇毛（图 2-11-11A）。

（2）红砂 [*Reaumuria songarica* (Pallas) Maxim.] 又称琵琶柴，为荒漠地带常见牧草。取红砂的腊叶标本进行观察，多分枝，枝条灰棕色；叶肉质，圆柱状；花单生叶腋或为穗状花序。取浸湿的花在体视显微镜下观察，萼片 5 枚联合，花瓣 5 枚，白色略带淡红，内侧有 2 个倒披针形附属物；雄蕊 6～8；雌蕊由 3 心皮构成，花柱 3，子房上位（图 2-11-11B）。取果实观察，蒴果纺锤形，3 瓣裂。种子长圆形，被褐色毛。

图 2-11-11　柽柳科
A. 多枝柽柳（果序）　B. 红砂（花序）

（四）杨柳科（Salicaceae）

1. 形态特征 落叶乔木。树皮通常有苦味，有托叶或早落。单叶互生，有托叶。花单性，多为雌雄异株；柔荑花序，直立或下垂；花常先于叶开放；苞片脱落或宿存，基部有杯状花盘或腺体，稀缺；雄花具 2 至多数雄蕊；雌花子房无柄或有柄，由 2～4 心皮合成，1 室，侧膜胎座，柱头 2～4 裂。蒴果 2～4 瓣裂；种子小，具有由株柄上长出来的白色丝状长毛。

2. 常见植物

（1）胡杨（*Populus euphratica* Oliv.） 多年生乔木。取胡杨腊叶标本进行观察，枝条淡灰褐色，光滑或微有茸毛。叶形多变，幼树叶片披针形或线状披针形，有短柄；老树叶片卵圆形、卵圆状披针形、三角状卵圆形或肾形，边缘有齿，叶柄较长。雄花序细圆柱形，雄蕊多数，花药紫红色；雌花子房长卵形，被短茸毛或无毛，柱头 3，2 浅裂，鲜红或淡黄绿色（图 2-11-12）。蒴果长卵圆形。

（2）垂柳（*Salix babylonica* L.） 乔木。取垂柳的新鲜材料观察，枝条细长下垂，叶狭披针形或线状披针形。花序先叶开放；柔荑花序，雄蕊 2，花

图 2-11-12　杨柳科　胡杨

A. 异型叶　B. 雄花序　C. 雌花序

丝与苞片近等长或较长，基部有长毛，花药黄色；雌花子房椭圆形，花柱短，柱头 2～4 深裂。蒴果（图 2-11-13）。

图 2-11-13　杨柳科　垂柳

A. 枝条　B. 雌花　C. 雄花　D. 果序

（五）十字花科（Cruciferae/Brassicaceae）

1. 形态特征　草本，常有辛辣味，植株无毛或被毛。茎直立、斜升或铺散。单叶互生，无托叶，基生叶通常莲座状丛生。总状花序；花两性，辐射对称；萼片 4，分离，排列为 2 轮；花瓣 4，分离，"十"字形排列，基部常成爪；雄蕊 6，外轮 2 短，内轮 4 长，称为四强雄蕊；雌蕊由 2 心皮构成，子房通常 2 室，中间长有白色假隔膜，侧膜胎座，胚珠多数。果实为长角果或短角果，开裂或不开裂。种子无胚乳。

2. 常见植物

（1）油菜（*Brassica campestris* L.）　草本。取油菜具花、果的新鲜植株观察，植株无毛。基生叶大头羽状分裂，茎生叶披针形，基部心形抱茎，全缘或具波状细齿；总状花序。取一朵花观察，花黄色，萼片 4，分离；花瓣 4，分离，"十"字形排列；雄蕊 6，四强雄蕊。取果实观察，长角果圆柱形，顶端具喙，果实成熟后开裂。

（2）荠菜〔*Capsella bursa-pastoris*（L.）Medic.〕　一年生草本。取荠菜具花、果的新鲜植株观察，植株被星状毛；基生叶莲座状，羽状分裂；茎生叶抱茎；总状花序伞房状（图 2-11-14A）。取一朵花在体视显微镜下观察，花白色，萼片 4，分离；花瓣 4，分离，"十"字形排列；雄蕊 6，四强雄蕊。取果实观察，短角果倒三角形或倒心状三角形，种子多数。

（3）菥蓂（*Thlaspi arvense* L.）　又称遏蓝菜，一年生草本。取菥蓂具花、果的新鲜植株观察，茎直立，不分枝，具棱，无毛；基生叶倒卵状长圆形，基部抱茎，两侧箭形，边缘具疏齿；茎生叶渐小；总状花序顶生（图 2-11-14B）。取一朵花在体视显微镜下观察，萼片 4，分离；花瓣 4，分离，"十"字形排列，花白色；雄蕊 6，四强雄蕊。取果实观察，短角果倒卵形或近圆形，扁平，顶端凹入，边缘有翅。

（4）涩荠〔*Malcolmia africana*（L.）R. Br.〕　一年生草本。取涩芥具花、果的新鲜植株观察，茎直立，多分枝，被叉状硬毛；叶片倒披针形，边缘具波状齿；总状花序，排列疏松（图 2-11-14C）。取一朵花在体视显微镜下观察，萼片 4，分离；花瓣 4，分离，"十"字形排列，花瓣紫色或粉红色；雄蕊 6，四强雄蕊。取果实进行观察，长角果圆柱形，被毛。种子长圆形。

图 2-11-14　十字花科
A. 荠菜　B. 菥蓂　C. 涩荠

五、课堂作业

1. 写出本实验所观察的各科代表植物的花程式。
2. 十字花科的主要识别特征是什么？绘出油菜的花图式。

六、思考题

选择实验所观察的 3～5 种十字花科植物编写检索表。

实验四 双子叶植物纲（四）

一、实验目的

1. 熟悉和掌握蔷薇科、豆科、大戟科、伞形科的识别特征和各科常见植物。

2. 通过对常见植物的形态特征、花或果实解剖结构的观察，学会使用被子植物分科检索表。

二、实验内容

观察蔷薇科、豆科、大戟科、伞形科植物的新鲜植株，或具花、果的枝条，以及各科常见植物的腊叶标本。

三、实验用品

1. 材料 金丝桃叶绣线菊、珍珠梅、黄刺玫、疏花蔷薇、苹果、桃、榆叶梅、合欢、皂荚、豌豆、苦豆子、紫穗槐、蓖麻、芫荽、胡萝卜等。

2. 器材 体视显微镜、解剖针、镊子、刀片等。

四、实验过程

（一）蔷薇科（Rosaceae）

1. 形态特征 草本、灌木或乔木，有刺及皮孔。叶互生或对生，单叶或复叶，有托叶。花两性，辐射对称；花托隆起或凹陷，花被与雄蕊常愈合成花筒；萼片5，覆瓦状排列，有时有副萼；花瓣5，分离；雄蕊5至多数；心皮1至多数，离生或合生，子房上位、周位或下位。果实为蓇葖果、瘦果、核果或梨果，稀蒴果；种子通常无胚乳。

本科根据花托有无、雌蕊心皮数目、子房位置和果实类型可分为 4 个亚科（表 2-11-1）。

表 2 - 11 - 1 蔷薇科各亚科主要形态特征区别

亚科	花托形态	雌蕊心皮数目	子房位置	果实类型
绣线菊亚科	平碟状	心皮 5，离生雌蕊	子房上位	蓇葖果
蔷薇亚科	隆起呈头状或凹下呈囊袋状	心皮多数，离生雌蕊	子房上位	瘦果
苹果亚科	凹陷并参与果实形成	心皮 2～5，合生雌蕊	子房下位	梨果
李亚科	凹陷呈杯状	心皮 1，单雌蕊	子房上位	核果

2. 常见植物

（1）绣线菊亚科（Spiraeoideae） 灌木。单叶，稀复叶，叶片全缘或有锯齿，常无托叶；心皮 5，离生或基部合生；子房上位，周位花；蓇葖果。

①金丝桃叶绣线菊（*Spiraea hypericifolia* L.）：常见落叶灌木。取金丝桃叶绣线菊花枝观察，枝条光滑，红褐色；单叶，无托叶；总状伞形花序（图 2-11-15A）。取一朵花在体视显微镜下观察，萼片 5，绿色；花瓣 5，白色；雄蕊多数。用解剖针剥开雄蕊，可见花托呈浅杯状，萼片、花瓣以及雌雄蕊均着生在花托上，雌蕊由 5 个单雌蕊组成。取果实标本观察，果实为聚合蓇葖果。

图 2-11-15 蔷薇科
A. 金丝桃叶绣线菊　B. 黄刺玫　C. 疏花蔷薇

②珍珠梅〔*Sorbaria sorbifolia* (L.) A.Br.〕：常见栽培落叶灌木。取珍珠梅新鲜材料观察，枝条红褐色，光滑；羽状复叶，小叶披针形，无托叶。圆锥花序顶生。取一朵花放在体视显微镜下观察，萼片5，卵状三角形；花瓣5，白色，花托浅盘状；雄蕊多数；雌蕊由5心皮组成，离生。

(2) 蔷薇亚科 (Rosoideae)　灌木或草本。复叶，托叶发达；周位花，雌雄蕊多数，离生，着生在膨大肉质的花托内或花托上；子房上位；聚合瘦果。

①黄刺玫 (*Rosa xanthina* Lindl.)：灌木。取黄刺玫的新鲜材料观察，小枝褐色，具皮刺；奇数羽状复叶，小叶宽卵形或近圆形，托叶常贴生于叶柄上（图2-11-15B）。取一朵花观察，萼片5；花瓣5，黄色；雄蕊多数，离生；花托深凹成瓶状，多数离生雌蕊着生于花托内壁。

②疏花蔷薇 (*Rosa laxa* Retz.)：灌木。取疏花蔷薇的新鲜材料观察，小枝光滑具浅黄色皮孔；羽状复叶，小叶椭圆形，边缘有锯齿，托叶贴生于叶柄，无毛（图2-11-15C）。花常3~6朵，组成伞房状，或单生。取一朵花观察，萼片5，被毛；花瓣5，白色；雄蕊多数，离生。取果实观察，果长圆形或卵球形，红色，常有光泽，萼片直立宿存。

(3) 苹果亚科 (Maloideae)　乔木。单叶或复叶，有托叶；心皮1~5，多数与杯状花托内壁联合；子房下位；梨果。

苹果 (*Malus pumila* Mill.)：栽培植物，乔木。取苹果的新鲜材料观察，单叶互生，卵形，背面被毛，边缘有细锯齿；伞房花序。取一朵花观察，萼片5，绿色；花瓣5，白色或粉红色；雄蕊多数；花柱5。将花纵切后可见花萼、花冠和雄蕊都着生在花托边缘，雌蕊生于花托中央，并且下陷在花托内，与花托愈合，称为子房下位。取苹果果实观察，将果实纵切和横切，可以看出它是由肉质、肥厚的花托与子房愈合而成的假果。5心皮合成5室，每室有2个胚珠。

(4) 李亚科 (Prunoideae)　木本。单叶互生，有托叶，叶基常有腺体；心皮1，稀2~5；子房上位；果实为核果。

①桃 (*Amygdalus persica* L.)：栽培植物，小乔木。取桃新鲜材料观察，单叶互生，椭圆状披针形，托叶早落。花单生于叶腋，无柄。取一朵花观察，萼片5，绿色；花瓣5，粉红色；雄蕊多数；花萼、花冠和雄蕊都着生在花托边缘，雌蕊生于花托底部，心皮1，子房上位；将子房横切后，可见子房1室1胚珠。取桃果实观察，为核果。外果皮薄，中果皮肥厚多汁，内果皮坚硬。

②榆叶梅〔*Amygdalus triloba* (Lindl.) Ricker〕：小灌木。取榆叶梅新鲜材料观察，叶片宽椭圆形至倒卵形，边缘具粗锯齿或重锯齿；花腋生，先叶开放。萼片卵形或卵状披针形，无毛；花瓣近圆形或宽倒卵形，粉红色；雄蕊多

数；子房密被短柔毛。

（二）豆科（Leguminosae/ Fabaceae）

1. 形态特征　乔木、灌木或草本，常有根瘤。叶常为羽状复叶或三出复叶，少单叶，叶柄基部具有叶枕，具托叶。花两性，辐射对称或两侧对称；萼片5；花瓣5，蝶形或假蝶形花冠；雄蕊10，单体或二体雄蕊；心皮1，子房上位，侧膜胎座。荚果，开裂或不裂；种子通常无胚乳。

根据花冠形态与对称性、花瓣排列方式以及雄蕊数目和类型，豆科分为以下3个亚科。检索表如下：

1. 花辐射对称，花瓣镊合状排列，雄蕊多数 ·············· 含羞草亚科（Mimosoideae）

1. 花两侧对称，花瓣覆瓦状排列，雄蕊10

  2. 花冠蝶形，上升覆瓦状排列，旗瓣在最内侧；雄蕊分离 ·························
·· 云实亚科（Caesalpinioideae）

  2. 花冠蝶形，下降覆瓦状排列，旗瓣在最外侧；龙骨瓣基部结合；二体雄蕊 ···
·· 蝶形花亚科（Papilionoideae）

2. 常见植物

（1）含羞草亚科（Mimosoideae）　多木本。一至二回羽状复叶；具托叶。花两性，辐射对称；萼片5，合生；花瓣5，镊合状排列；雄蕊5～10或多数，分离或合生成单体雄蕊；子房上位；荚果。

合欢（*Albizia julibrissin* Durazz.）：乔木。取合欢新鲜材料观察，二回羽状复叶，小叶线形至长圆形，多数。头状花序，花粉红色；花萼5，管状；花瓣5，辐射对称；雄蕊多数，花丝细长，淡红色。荚果带状（图2-11-16）。

图 2-11-16　豆科　合欢
A. 复叶　B. 雄蕊　C. 荚果

（2）云实亚科或苏木亚科（Caesalpinioideae）　木本或草本。一至二回羽状复叶，稀单叶；托叶通常缺；花两性，两侧对称，排成总状花序或圆锥花序；萼片5；花瓣5，覆瓦状排列，形成假蝶形花冠；雄蕊10或较少；子房上位，1 室；荚果。

皂荚（*Gleditsia sinensis* Lam.）：乔木。取皂荚新鲜材料观察，枝灰色至深褐色；刺粗壮，圆柱形，常分枝。叶为一回羽状复叶，小叶卵状披针形至长圆形，被毛。总状花序腋生，花杂性，黄白色花瓣；萼片均 4；雄蕊 8；柱头浅 2 裂；胚珠多数（图 2-11-17）。

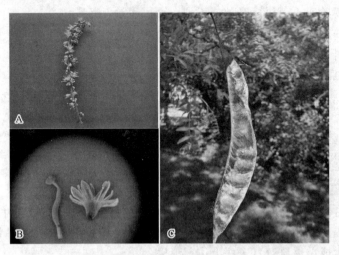

图 2-11-17　豆科　皂荚
A. 雄花序　B. 花解剖　C. 荚果

（3）蝶形花亚科（Papilionoideae）　草本或木本，具根瘤。羽状复叶或三出复叶，少单叶，有托叶。花两性，两侧对称；萼齿 5；花瓣 5，覆瓦状排列，蝶形花冠；雄蕊 10，合生为单体或二体；雌蕊 1，子房上位，1 室，胚珠 2 至多数，侧膜胎座；荚果不开裂或开裂；种子无胚乳。

①豌豆（*Pisum sativum* L.）：一年生攀缘草本。取豌豆新鲜材料观察，植株光滑无毛；偶数羽状复叶，小叶卵圆形，叶轴末端有羽状分枝的卷须，托叶心形，比小叶大。花单生或 2～3 朵生于叶腋。取一朵花在体视显微镜下观察，花白色，萼钟形，5 深裂；蝶形花冠，观察旗瓣、翼瓣和龙骨瓣的形状；用解剖针去除花瓣，观察雌雄蕊，雄蕊 10，用解剖针拨动花丝，观察雄蕊是否为二体雄蕊；雌蕊由 1 心皮组成（图 2-11-18）。

②苦豆子（*Sophora alopecuroides* L.）：多年生草本。取苦豆子新鲜材料观察，茎直立，多分枝，全株灰绿色；奇数羽状复叶，小叶片披针形；托叶小，钻形；总状花序顶生。取一朵花在体视显微镜下观察，萼片 5，联合；花淡黄色，蝶形花冠，上面最大的 1 个花瓣称为旗瓣，旗瓣倒卵形，基部渐成爪；旗瓣下面两侧各有 1 个侧花瓣，称为翼瓣，翼瓣短圆形；用镊子去除旗瓣

图 2-11-18　豆科　豌豆

A. 复叶　B. 单花　C. 花解剖　D. 二体雄蕊　E. 子房　F. 荚果

和翼瓣，可见下部露出 2 片顶部稍联合的花瓣，称为龙骨瓣；再除去龙骨瓣，看见雌、雄蕊，雄蕊 10，分离；雌蕊 1 心皮，子房被毛。取成熟果实观察，荚果，种子间缢缩成串珠状。

③紫穗槐（*Amorpha fruticosa* L.）：灌木。取紫穗槐新鲜材料观察，奇数羽状复叶，小叶卵形或椭圆形，具黑色腺点；穗状花序常一至数个顶生。取一朵花在体视显微镜下观察，萼片 5，合生，萼齿三角形；花冠紫色，旗瓣心形，无翼瓣和龙骨瓣；雄蕊 10，下部合生成鞘，上部分裂，包于旗瓣之中，伸出花冠外。

（三）大戟科（Euphorbiaceae）

1. 形态特征　乔木、灌木或草本，常有乳汁。单叶互生，稀为复叶，具托叶，叶基常具腺体。花单性，雌雄同株或异株，常为聚伞或总状花序；萼片分离或在基部合生；花瓣有或无；花盘环状或分裂成为腺体状，稀无花盘；雄蕊一至多数；雌蕊由 3 心皮组成，子房上位，3 室，中轴胎座。蒴果，少浆果或核果；种子有胚乳。

2. 常见植物

蓖麻（*Ricinus communis* L.）　常见栽培种。取蓖麻的叶和花序进行观察，单叶互生，掌状分裂；托叶长三角形。总状花序或圆锥花序。花单性，雌雄同株，上部为雌花，下部为雄花（图 2-11-19）。雄花：花萼裂片卵状三角

形；无花瓣，雄蕊多数；雌花：萼片卵状披针形；子房卵状，花柱红色，顶部
2裂。蒴果卵球形或近球形，果皮具软刺或平滑。种子椭圆形。

图2-11-19 大戟科 蓖麻

（四）伞形科（Umbelliferae/Apiaceae）

1. 形态特征 草本，常含挥发性油而具异味；茎常中空。羽状复叶或裂
叶，叶柄基部常成鞘状抱茎。伞形或复伞形花序，花序常有总苞；花小，两
性；萼片5，不明显；花瓣5，分离；雄蕊5，与花瓣互生；雌蕊2心皮，子房
下位，2室，具花柱基，花柱2。双悬果，成熟后由2心皮合生面分离成2分
生果；分生果的心皮柄相连而倒悬，果皮上具有5条纵棱或翅或刺。种子胚
小，具大量胚乳。

2. 常见植物

（1）芫荽（*Coriandrum sativum* L.） 草本，具有强烈气味。取芫荽新鲜
材料观察，茎圆柱形，直立，多分枝，有条纹；叶片1或2回羽状全裂；复伞
形花序，无总苞片，但具线性小总苞片；小总苞片2～5，线形。取一朵花在
体视显微镜下观察，花白色或带淡紫色；萼片5，萼齿通常大小不等，小的卵
状三角形，大的长卵形；花瓣5，倒卵形，顶端有内凹的小舌片；雄蕊5；雌
蕊2心皮，子房下位（图2-11-20）。果实圆球形。

（2）胡萝卜（*Daucus carota* L. var. *sativa* Hoffm.） 草本。取胡萝卜新鲜
材料观察，茎单生，被毛；基生叶长圆形，2～3回羽状全裂；茎生叶近无柄，
有叶鞘。复伞形花序；总苞有多数苞片，呈叶状，羽状分裂；小总苞片线形。
取一朵花在体视显微镜下观察，花小，白色，花萼5齿裂；花瓣5；雄蕊5；

图 2-11-20　伞形科　芫荽
A. 复伞形花序　B. 单花　C. 雌蕊

雌蕊为 2 心皮，花柱 2，子房下位。

五、课堂作业

1. 写出本实验所观察的各科代表植物的花程式。
2. 绘出豌豆花图式，并注明各部分构造的名称。
3. 蔷薇科的主要识别特征是什么？如何区别 4 个亚科？

六、思考题

1. 豆科的主要识别特征是什么？比较含羞草亚科、苏木亚科和蝶形花亚科的主要区别。
2. 选择蔷薇科、豆科和伞形科的 5 种植物编写检索表。

实验五　双子叶植物纲（五）

一、实验目的

1. 熟悉和掌握茄科、旋花科、唇形科、紫草科、菊科的识别特征和各科常见植物。
2. 通过对常见植物的形态特征、花或果实解剖结构的观察，学会使用被子植物分科检索表。

二、实验内容

观察茄科、旋花科、唇形科、紫草科、菊科植物的新鲜植株，或具花、果的枝条，以及各科常见植物的腊叶标本。

三、实验用品

1. 材料 马铃薯、龙葵、天仙子、打碗花、益母草、草原糙苏、糙草、假狼紫草、向日葵、蒲公英等。

2. 器材 体视显微镜、解剖针、镊子、刀片等。

四、实验过程

(一)茄科（Solanaceae）

1. 形态特征 草本，稀木本。茎直立、匍匐或攀缘状，无刺或具皮刺。叶互生，无托叶。花单生或组成各式聚伞花序；花两性，辐射对称；花萼基部合生，上部常 5 裂，花后增大或不增大，果期宿存；花冠辐射状、漏斗状、钟状或坛状，檐部 5 裂；雄蕊 5，着生于花冠筒基部，与花冠裂片同数互生；雌蕊由 2 个心皮组成，子房上位，2 室，中轴胎座，胚珠多数。果实为浆果或蒴果。

2. 常见植物

（1）马铃薯（*Solanum tuberosum* L.） 马铃薯是我国北方栽培的重要蔬菜之一。多年生草本，地上茎直立，地下茎的侧枝膨大形成块茎。取马铃薯新鲜材料进行观察，奇数羽状复叶；圆锥花序顶生。取一朵花进行观察，花萼钟形，萼片 5，联合，5 齿裂；花冠由 5 个花瓣联合成辐射状花冠；雄蕊 5，着生于花冠筒上；雌蕊由 2 个心皮构成，花柱 1，子房上位。将子房横切可见子房 2 室，多数胚珠生于中轴胎座上（图 2-11-21）。

（2）龙葵（*Solanum nigrum* L.） 一年生草本。取龙葵新鲜材料进行观察，茎无棱。单叶互生，卵形，全缘或具不规则波状齿。聚伞花序腋生。取一朵花在体视显微镜下观察，萼小，浅杯状，具 5 齿；花冠白色，筒部隐于萼内，雄蕊 5，着生于花冠基部，与花冠裂片互生；子房卵形（图 2-11-22A）。取果实观察，浆果球形，成熟时黑色（图 2-11-22B）。

（3）天仙子（*Hyoscyamus niger* L.） 野生杂草，一年生草本，茎直立被毛。取天仙子新鲜材料观察，叶互生，卵状披针形或长圆形，边缘羽状裂。取一朵花观察，花萼筒状钟形，5 浅裂；花冠漏斗状，黄绿色，具紫色脉纹；雄蕊 5；子房近球形（图 2-11-22C、D）。将子房横切，可见子房 2 室，多数胚珠生于中轴胎座上。取果实观察，蒴果盖裂，种子多数。

(二)旋花科（Convolvulaceae）

1. 形态特征 草质或木质藤本，通常有乳汁。叶互生，无托叶，单叶，全缘或分裂。花辐射对称，两性；萼片 5，宿存；花冠通常钟状或漏斗状；雄

图 2-11-21　茄科　马铃薯

A. 单花　B. 雄蕊　C. 雌蕊　D. 子房横切面（中轴胎座）

图 2-11-22　茄科　龙葵和天仙子

A. 龙葵花　B. 龙葵果实　C. 天仙子花　D. 天仙子花解剖

蕊 5，花药 2 室，花粉粒有刺或无刺；子房上位，2～4 室，每室具 1～4 胚珠。果实为蒴果，稀浆果。

2. 常见植物

打碗花（*Calystegia hederacea* Wall.） 农田、荒地、路旁常见的杂草，草本。取打碗花新鲜材料观察，茎细，蔓生或缠绕，具棱；基生叶长圆形，全缘或 2～3 裂，叶片基部心形或戟形；花序腋生，苞片 2，宽卵形。取一朵花在体视显微镜下观察，萼片 5；花冠漏斗状，粉红色；用解剖针剖开花冠，可见雄蕊，雄蕊 5，基部具鳞毛，着生在花冠上；子房 2 室，柱头 2 裂（图 2-11-23）。

图 2-11-23　旋花科　打碗花
A. 枝条　B. 花解剖

（三）唇形科（Labiatae/Lamiaceae）

1. 形态特征 草本，常含有芳香油。茎具 4 棱。叶常为单叶，对生或轮生，无托叶。花两性，两侧对称；聚伞状或为轮伞花序，有时为圆锥花序或头状花序；花萼通常宿存，5 裂；花冠二唇形，合瓣，通常上唇 2 裂，下唇 3 裂，花冠内常有毛环；雄蕊 4，二强雄蕊，稀 2，着生于花冠筒上；雌蕊由 2 心皮组成，子房上位，常 4 裂成 4 室，每室 1 胚珠，柱头 2 裂。小坚果 4，稀核果。

2. 常见植物

（1）益母草 [*Leonurus artemisia* (Lour.) S. Y. Hu] 草本。取益母草新鲜植株进行观察，茎直立，四棱形，具槽，被毛，多分枝；叶阔卵形，掌状 3 裂；轮伞花序，并组成长的穗状花序。取一朵花在体视显微镜下观察，花两性，两侧对称，花萼筒状钟形，5 齿裂；花冠粉红色，唇形，上唇 2 花瓣，下唇3花瓣；雄蕊4，2长2短，为二强雄蕊，着生在花冠上；雌蕊为2心皮合生，子房上位。取成熟果实观察，为小坚果长圆状三棱形（图2-11-24）。

图 2-11-24　唇形科　益母草

A. 植株　B. 单花　C. 花解剖　D. 雌蕊　E. 小坚果

（2）草原糙苏（*Phlomis pratensis* Kar. et Kir）　多年生草本。取草原糙苏腊叶标本观察，茎直立，具分枝，四棱形，具槽，被毛。叶对生，基生叶具长柄，卵状三角形，基部心形，边缘具齿，茎生叶小，具短柄；轮伞花序。取一朵浸湿的花在体视显微镜下观察，萼片5，合生，具5齿；花冠由5个花瓣合生成二唇形，紫红色，上唇2裂，边缘流苏状，下唇3浅裂，用解剖针剖开花冠，看见雄蕊4，2长2短，贴生在花冠筒上。果实为4个小坚果，果实顶端被毛（图2-11-25）。

图 2-11-25　唇形科　草原糙苏

(四) 紫草科（Boraginaceae）

1. 形态特征 草本稀灌木，被有硬毛或刚毛。单叶互生，无托叶。聚伞花序或镰状聚伞花序。花两性，辐射对称；花萼 5，大多宿存；花冠可分筒部、喉部、檐部 3 个部分，檐部具 5 裂片，喉部或筒部具或不具 5 个附属物；雄蕊 5，着生花冠筒部；雌蕊由 2 心皮组成，子房 2 室，每室含 2 胚珠，子房常 4 裂。果实为 4 个小坚果。

2. 常见植物

（1）糙草（*Asperugo procumbens* L.） 一年生蔓生草本。茎细弱，中空，具纵棱，沿棱有短倒钩刺。单叶互生，叶片狭长圆形，两面被疏生短糙毛；花单生叶腋。取一朵花在体视显微镜下观察，花萼 5 裂，有短糙毛，裂片之间各具 2 小齿，花后增大，左右压扁，略呈蚌壳状；花冠蓝色，用镊子从一侧撕开，喉部附属物疣状；雄蕊 5，着生在花冠上。果实包被在宿存花萼内，小坚果狭卵形，灰褐色（图 2-11-26）。

图 2-11-26 紫草科 糙草

A. 植株 B. 单花 C. 花解剖（喉部具附属物，雄蕊着生在花冠上）

D. 花萼及雌蕊 E. 蚌壳状果实 F. 小坚果

（2）假狼紫草 ［*Nonea caspica*（Willd.）G. Don］ 草本。茎常自基部分枝，被毛；叶无柄，两面有糙伏毛和稀疏长硬毛；镰状聚伞花序。取一朵花在体视显微镜下观察，花萼 5；花冠红色，由 5 个花瓣联合成高脚碟状，用镊子沿一侧撕开花冠，喉部具附属物，雄蕊 5，着生在花冠中上部，花丝短；柱头 2，球形（图 2-11-27）。果实成熟时，小坚果肾形，黑褐色。

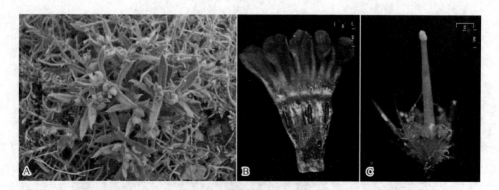

图 2-11-27　紫草科　假狼紫草
A. 植株　B. 花解剖（喉部具附属物，雄蕊着生在花冠上）　C. 花萼及雌蕊

（五）菊科（Compositae/Asteraceae）

1. 形态特征　多为草本，植株体内有乳汁或无。单叶互生，无托叶。头状花序，具一至数层苞片组成的总苞；花多两性，花萼5，常变为冠毛，冠毛鳞片状或刚毛状；花冠裂片5或3，合瓣，舌状、管状或二唇状；雄蕊5，着生于花冠筒上，花药合生成筒状，称为聚药雄蕊；雌蕊由2心皮构成，花柱细长，柱头2裂，子房下位，1室，具1胚珠。果实为连萼瘦果，顶端常具宿存冠毛。

2. 常见植物　根据花冠类型不同、乳汁有无，可将菊科分为2个亚科：管状花亚科（Carduoideae）和舌状花亚科（Cichorioideae）。

（1）管状花亚科　植株体内无乳汁，头状花序全部为管状花或兼有舌状花。

向日葵（*Helianthus annuus* L.）：一年生草本，油料作物之一。取向日葵新鲜材料观察，茎直立，不分枝，被硬短毛，植株体无乳汁；单叶互生，具长柄，无托叶，叶片宽卵形至心形。头状花序大型，外有几层叶状苞片组成的总苞；总苞片以内有一圈大型黄色舌状花为缘花，舌状花以内的全部为小型管状花，又称盘花。取管状花在体视显微镜下观察，最下部为下位子房，子房顶端两侧有鳞片状萼片，上部为花冠，花冠紫褐色，由5个花瓣合生，5齿裂；用解剖针将管状花剖开，位于花中心的是雌蕊，柱头2裂；花柱周围可见黑色花药，花药彼此联合成管状，围着花柱，花药下部花丝分离，这类雄蕊称为聚药雄蕊。取舌状花观察，仅有花被，无雌雄蕊（图 2-11-28）。瘦果。

（2）舌状花亚科　植株体内有乳汁，头状花序全为舌状花。

蒲公英（*Taraxacum mongolicum* Hand.-Mazz.）：一年生草本。取蒲公英新鲜材料观察，植株体具白色乳汁，叶全部基生，呈莲座状，叶片大头羽状

图 2-11-28　菊科　向日葵

A. 头状花序　B. 头状花序纵切面　C. 舌状花　D. 管状花　E. 聚药雄蕊　F. 雌蕊

裂。花葶无叶，头状花序顶生，最外层具 2 层总苞片，总苞片草质，先端具角状突起。花序中所有花均为舌状花。取一朵花在体视显微镜下观察，花冠的冠缘向一侧展开成舌状，舌片顶端具 5 个小齿，子房上部具冠毛，用解剖针剖开花冠筒，可见雌雄蕊，雄蕊 5，为聚药雄蕊；雌蕊由 2 个心皮构成，柱头 2裂，子房下位。取瘦果观察，瘦果顶端具长喙，喙顶端着生冠毛；果实上具棱，有瘤状突起（图 2-11-29）。

图 2-11-29　菊科　蒲公英

A. 头状花序剖面　B. 舌状花（聚药雄蕊）　C. 果序（瘦果）

五、课堂作业

1. 写出本实验所观察的各科代表植物的花程式。

2. 绘出向日葵的舌状花和蒲公英的管状花，并注明各部分名称。

3. 列表比较茄科、唇形科、紫草科和菊科的异同点。

六、思考题

1. 唇形科植物在花结构上有何特征？
2. 为什么说菊科是被子植物第一大科？

实验六 单子叶植物纲

一、实验目的

1. 熟悉和掌握泽泻科、禾本科、莎草科、百合科的识别特征和各科常见植物。

2. 通过对常见植物的形态特征、花或果实解剖结构的观察，学会使用被子植物分科检索表。

二、实验内容

观察泽泻科、禾本科、莎草科和百合科植物的新鲜植株，或具花、果的枝条，以及各科常见植物的腊叶标本。

三、实验用品

1. 材料 欧洲慈姑、小麦、野燕麦、碎米莎草、山丹、伊犁郁金香、马蔺等植物。

2. 器材 体视显微镜、解剖针、镊子、刀片等。

四、实验过程

(一) 泽泻科（Alismataceae）

1. 形态特征 水生或沼生草本，具根状茎、球茎。叶基生，叶柄基部鞘状。花常轮生于花葶上；花两性或单性，辐射对称；花被片 6 枚，外轮 3 枚绿色，萼片状，宿存，内轮 3 枚花瓣状；雄蕊 1～6；雌蕊 1～6，离生，子房上位。聚合瘦果。

2. 常见植物

欧洲慈姑（*Sagittaria sagittifolia* L.） 草本。取欧洲慈姑新鲜材料进行观察，根状茎匍匐，先端具膨大的球茎，球茎表面被膜质鳞片；叶着生于基部，叶柄长，中空；叶形变化大，叶片箭头形或戟形；花单性，雌雄同株，雄花着生于花序上部，雌花着生于花序下部；萼片 3 枚，草质；花瓣 3 枚，白色；雄蕊多数，离生；心皮多数离生（图 2-11-30）。聚合瘦果。

图 2-11-30　泽泻科　欧洲慈姑
A. 植株　B. 雄花　C. 雌花

（二）禾本科（Gramineae/Poaceae）

1. 形态特征　草本或木本状的竹类。秆圆柱形，节间中空；单叶互生，2列，由叶鞘、叶舌和叶片组成；叶鞘包秆，常在一边开裂；叶片线形、披针形或条形，具平行脉；叶舌生于叶片与叶鞘连接处的内方，成膜质或毛状或退化；叶舌位于叶鞘顶端两侧。花在小穗轴上交互排列为 2 行以形成小穗，再组合为各式各样的复合花序；小穗下部具苞片和先出叶各 1 片，称为颖片，分别为外颖和内颖；陆续在上方的各节着生苞片和先出叶，分别称为外稃和内稃，花被片退化为鳞被，雄蕊 3～6，雌蕊 1，花柱 2～3，柱头羽毛状或帚刷状，内外稃连同所包裹的花部结构合称为小花；果实为颖果，稀为囊果或坚果状。

2. 常见植物

（1）小麦（*Triticum aestivum* L.）　小麦为我国广泛栽培的谷类作物，草本。取小麦新鲜材料进行观察，茎中空。叶由叶片、叶舌、叶耳和叶鞘组成。复穗状花序，有多数小穗组成，小穗两侧压扁，单生于穗轴各节。取小麦花序上的 1 个小穗置于体视显微镜下观察，小穗最下部具有 2 个颖片，外侧的称为外颖，里面的称为内颖，每个小穗有 3～5 朵花，花的外面有 2 个苞片，称为稃，靠近外侧的称为外稃，外稃背面有芒，内侧的称为内稃；花内有 3 枚雄蕊和 1 枚雌蕊，雌蕊由 2 心皮构成，子房上位，柱头 2 裂，羽毛状，子房基部具有 2 片白色鳞片称为浆片（图 2-11-31）。取小麦果实观察，颖果卵形。

（2）野燕麦（*Avena fatua* L.）　野燕麦为田间杂草，草本。取野燕麦新鲜材料观察，秆直立，光滑无毛。叶舌透明膜质；叶片扁平。圆锥花序开展；小穗含 2～3 小花；小穗轴密生淡棕色或白色硬毛；颖草质；外稃质地坚硬，

图 2-11-31　禾本科　小麦

A. 复穗状花序　B. 小穗　C. 雌蕊和雄蕊

背面被毛，芒自稃体中部稍下处伸出，膝曲，扭转（图 2-11-32）。雄蕊 3；子房被毛。颖果被淡棕色柔毛。

图 2-11-32　禾本科　野燕麦

（三）莎草科（Cyperaceae）

1. 形态特征　草本，多数具根状茎。秆多实心，常三棱形，无节。叶基生或秆生，基部通常有闭合的叶鞘和狭长的叶片，有时仅有叶鞘而叶片退化。花小，两性或单性，生于鳞片的腋内，与鳞片组成小花，2 至多朵小花和鳞片组成小穗，小穗排列成穗状、总状、圆锥状或长侧枝聚伞花序，花序下具总苞；无花被或花被退化成下位刚毛或鳞片；有时雌花为先出叶形成的果囊所包裹；雄蕊离生，通常 3 枚，花丝线形；子房上位，1 室；柱头 2～3 枚。小坚果或瘦果。

2. 常见植物

碎米莎草（*Cyperus iria* L）　草本。取碎米莎草新鲜材料观察，无根状茎，具须根。秆扁三棱形。叶状苞片 3～5 枚。穗状花序卵形或长圆状卵形；小穗排列松散；小穗轴上近于无翅；鳞片排列疏松，膜质；雄蕊 3；柱头 3（图 2-11-33）。小坚果倒卵形或椭圆形、三棱形。

图 2-11-33　莎草科　碎米莎草
A. 花序　B. 小穗　C. 雌蕊和雄蕊

（四）百合科（Liliaceae）

1. 形态特征　多年生草本，少数木本。茎直立或攀缘，常具鳞茎、块茎和根状茎。叶基生或茎生，互生或轮生，少数对生，有时退化成鳞片状。花两性，少单性，组成总状、穗状或伞形花序；花被花瓣状，通常 6，排成 2 轮，离生或不同程度的合生；雄蕊 6，通常与花被片对生；花药纵列；心皮合生或不同程度的离生，子房上位，常为 3 室的中轴胎座，少为 1 室的侧膜胎座。蒴果或浆果。种子多数，具丰富的胚乳。

2. 常见植物

（1）山丹（*Lilium pumilum* DC.）　取山丹新鲜材料观察，鳞茎卵形或圆锥形。叶条形，边缘有乳头状突起。花单生或数朵排成总状花序，鲜红色，通常无斑点，下垂；花被片 6 枚，反卷；雄蕊 6，花丝无毛，花药长椭圆形，黄色；子房圆柱形，横切后可见子房 3 室，侧膜胎座（图 2-11-34）。成熟果实为蒴果，矩圆形。

（2）伊犁郁金香（*Tulipa iliensis* Regel）　取伊犁郁金香新鲜材料进行观察，鳞茎卵圆形，鳞茎皮黑褐色；茎上部被毛。叶片 3～4 枚，条形；花顶生，黄色；花被片 6，排列成 2 轮；雄蕊 6，与花被片对生；雌蕊由 3 个心皮构成 3室，子房上位。成熟果实蒴果，卵圆形（图 2-11-35）。

（五）鸢尾科（Iridaceae）

1. 形态特征　多年生草本，具根状茎、球茎或鳞茎。叶多基生，条形或剑形，基部成鞘状，互相套叠。花序多样；花两性，辐射对称；花被裂片 6，

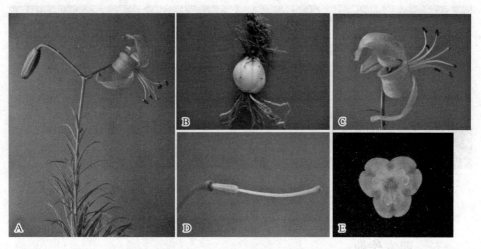

图 2-11-34 百合科 山丹
A. 植株 B. 鳞茎 C. 单花 D. 雌蕊 E. 子房横切面

图 2-11-35 百合科 伊犁郁金香
A. 植株 B. 花剖面 C. 果实

花瓣状，2 轮排列，基部常合生；雄蕊 3；花柱 1，上部多有 3 个分枝，分枝圆柱形或扁平呈花瓣状，柱头 3～6，子房下位，3 室，中轴胎座，胚珠多数。蒴果。

2. 常见植物

马蔺 [*Iris lactea* Pall. var. *chinensis* (Fisch.) Koidz] 多年生密丛草本。取马蔺新鲜材料观察，叶基生，条形或狭剑形；花茎光滑；苞片 3～5 枚，草质，边缘白色，披针形；花大，蓝紫色；花被裂片 6，2 轮排列，外轮花被裂片 3；雄蕊 3，着生于外轮花被裂片的基部；花柱单一，上部 3 分枝，呈花瓣状；子房纺锤形（图 2-11-36）。蒴果，长椭圆状柱形。

图 2-11-36　鸢尾科　马蔺
A. 植株　B. 花剖面示雄蕊　C. 柱头花瓣状

五、课堂作业

1. 写出本次实验所观察各科代表植物的花程式。
2. 绘小麦小穗和小花的结构图，并标出各部分的名称。
3. 选择 5 种单子叶植物编写检索表。

六、思考题

1. 比较禾本科和莎草科的异同点。
2. 为什么说泽泻科是单子叶植物的原始类群？

【拓展】

中国共产党第二十次全国代表大会报告中明确指出"加强生物安全管理，防止外来物种入侵"，并陆续实施了《生物安全法》《外来入侵物种管理办法》等，以应对外来入侵物种造成的入侵。近几年来，发现早些年引种的外来观赏植物如加拿大一枝黄花、水葫芦、五叶地锦等，已经对本土植物造成极大的危害，如何处理好引种与生物安全的关系？如何防控外来物种入侵？

第三篇
植物标本馆的建设与管理

本篇主要介绍植物标本馆的建设与管理流程，包括野外实习与实践，标本的采集、制作与保存，植物分类检索表的编制与应用，标本数字化技术等。

一、野外实习与实践

野外实习是学习植物学的重要组成部分，是复习、巩固和验证理论知识，联系实际的极为重要的一环。同时，野外实习还能让学生认识形形色色、多种多样的植物，从而激发学生学习植物学的浓厚兴趣。同时培养学生分析问题和解决问题的能力，正确认识植物与环境的辩证关系。

在野外实习过程中，要学会调查、采集、野外记录、标本制作、标本鉴定和标本保存；熟练掌握解剖花，描述植物和运用检索表鉴定植物的方法；利用已学过的植物学理论，认识常见植物，从而掌握识别重点科、属、种的鉴别特征；学会编写实习地区常见植物检索表；学会运用辩证唯物主义观点分析植物与环境的辩证关系。

野外实习应在教师指导下有计划地进行。首先要让学生了解野外实习计划和具体日程，实习应按计划进行，按时完成作业。实习大致分为以下几个阶段：调查、采集、记录、压制标本；利用工具书鉴定出植物的学名；大量认识植物，并压制一定数量的标本；作出植物的分种检索表。

二、标本的采集、制作与保存

（一）植物标本采集的准备工作

植物标本（腊叶标本）是进行教学和科研工作的重要材料，掌握植物标本的采集、制作和保存的一整套方法，对一个植物学工作者来讲是极为重要的。

采集标本所需要的器具如下：

（1）标本夹　用板条钉成长约 45 cm、宽约 35 cm 的两块夹板。

（2）吸水纸　易于吸水的草纸或旧报纸。

（3）采集袋（箱）　铁皮箱或塑料袋、塑料背包。

（4）小丁字镐　用来挖掘草本植物的根，以保证采到完整的标本。

（5）枝剪和高枝剪　枝剪用于剪低矮树上的枝条。高枝剪用于剪高大树上的枝条。

（6）手锯　采集木材标本时用锯。刀锯和弯锯携带比较方便。

（7）号签、野外记录签和定名签　号签是用较硬的纸，剪成 4 cm×2 cm，一端穿孔，以便穿线用。其作用是在采集标本时，编好采集号，系在标本上。野外记录签的大小约为 7 cm×10 cm，用以在野外记录植物的产地、生境和特征。定名签的大小约为 7 cm×10 cm，是经过正式鉴定后，用来定名的标签。

（8）放大镜　观察植物的特征。

（9）测高表　测量山的海拔高度。

（10）方位盘　观测方向和坡向。

（11）钢卷尺　测量植物高度和胸径。

（12）照相机和望远镜　照相机拍摄植物的全形、群体等，以补充野外记录的不足；望远镜观察远处的植物或高大树木顶端的特征。

（13）小纸袋　保存标本上落下的花、果和叶。

（14）其他　如广口瓶、酒精、福尔马林、地图等。

（二）植物标本的采集方法

1. 采集的时间和地点　各种植物生长发育的时期有长有短，因此，必须在不同季节和不同时间进行采集，才能得到各类不同时期的标本。如有些早春开花植物，在北方冰雪融化时开花，有些植物到深秋才开花结果。因此，必须根据所采的植物决定外出采集的时间，否则过季节，有些种类就无法采到。

采集地点也很重要，因为在不同的环境，生长着不同的植物，在向阳山坡见到的植物，阴坡上一般是见不到的；平原上和高山上的植物通常也是不一样的，随着海拔高度增加，地形变化复杂，高山上的植物种类也就比平原上的植物种类要丰富得多。因此，在采集植物标本时，必须根据采集的目的和要求，确定采集时间和采集地点，才能采到不同类群的植物标本。

2. 采集标本时应注意的事项

①必须采集完整的标本。除采集植物的营养器官外，还必须有花或果，因为花、果是鉴别植物的重要依据。

②对有地下茎的科属，应特别注意采集这些植物的地下部分。

③采集草本植物，应采带根的全草。如发现茎生叶和基生叶不同时，要注意采基生叶。高大的草本植物，采下后可折成"V"形或"N"形，然后再压入标本夹内，也可以选其形态上有代表性的部分剪成上、中、下3段分别压在标本夹内，注意编号要一致。

④雌雄异株的植物，应分别采集雌株和雄株，以便研究用。

⑤乔木、灌木或特别高大的草本植物，只能采取其植物体的一部分，应尽量能代表该植物的一般情况。如有可能，最好拍一张该植物的全形照片，以补充标本的不足。

⑥水生植物，提出水面后很容易缩成一团，不易分开。如金鱼藻、水毛茛等，可以用硬纸板从水中将其托起，连同纸板一起压入标本夹内，这样可以保持其形态特征的完整性。

⑦有些植物，一年生新枝和老枝的叶形不同，或新生叶有茸毛或叶背具白粉，而老叶无毛，因此，幼叶和老叶都要采。对先叶开花的植物，先采花枝，待出叶后应在同株上采其带叶和果的标本，如桃。很多树木的树皮颜色和剥裂

情况是鉴别植物种类的依据，因此，应剥取一块树皮附在标本上。

⑧对寄生植物的采集，应注意连同寄主一起采下，并要分别注明寄生或附生植物及寄主植物。

⑨采集标本的份数：一般采 2～3 份，同一编号，每个标本上都要系上号签。

3. 植物标本的整理和压制方法　采得的标本，要马上放在标本夹的吸水纸（草纸或报纸）中进行压制。压制标本时，首先要对采集到的标本进行修整，对较长的草本植物，如禾本科植株，可以把它们折成"V"形，使其长度不超过 45 cm（将来标本要装订在台纸上，台纸的大小为 30 cm×42 cm），但也可以根据需要压制更大的标本。修整后的标本要能表现其自然状态，如枝、叶、果太密，可适当剪去一部分，以免重叠，影响观察和压干。此外，在压制时，还要注意叶片不可全部腹面朝向上方，要有一部分叶片背面朝上，这样才能看到叶的背腹两面的特征。对于多汁的果实、大型块根、根茎、鳞茎等，一般用化学药品浸制。如需压制块根和块茎，由于其中常有汁液，易使标本与吸水纸粘在一起，可将其切去一半或切成几片较薄的横切片后，放在一张白纸上，压入夹中。亦可用沸水将块根、块茎或肉质茎、叶烫死后压制，否则不易压干。

将修整好的标本平展在吸水纸上，每份标本上加 4～5 张或较多的吸水纸，以吸收标本里的水分（吸水纸应选用吸水性较强的）。在靠近标本夹处，应多放几层（7～8 层）吸水纸，然后用标本夹夹紧，用绳捆好。在展放标本和捆扎时，尽量使标本与吸水纸贴近，不留空隙，这样标本就会压得很平，可避免发生皱缩。捆扎好的标本夹，要放在通风处，每夹的厚度为 15～16 cm 或以下。

以后每天换纸 1～2 次。换纸的方法有 2 种：一种是对于坚硬、不易落叶、不易变形的标本，可直接用手提起，置于干燥的吸水纸上；另一种是柔软且易变形或易于落叶、落花、落果的，可将干燥的吸水纸放于该标本上，然后连同底层旧吸水纸一同翻转，翻转后，除去翻上来的旧吸水纸即可。在第一次换纸时，还要用镊子进行修整，对没有展平的叶片、花瓣等要把它们展平，然后换纸。这样连续更换吸水纸，一周左右即可压干。压干的标本可暂存在吸水纸中，等待将来装订在台纸上。换下的湿纸应及时晒干再用，如遇阴天、雨天，可用火烤，以便轮换使用。

（三）植物标本的制作和保存

植物标本的种类很多，其中以腊叶标本和浸制标本为最常见。腊叶标本是将带有叶、花和果实的植物枝条或其全株，经过整理、压平、干燥、装贴而制成的一种植物标本。这种已干燥的植物标本便于长期保存，供植物学的教学和研究使用。浸制标本，是指用一些化学药品配制成溶液来浸泡、固定与保存植物标本，并能使其保持原有的形状和颜色，用这种方法制成的标本，称为浸制标本或液浸标本。多数植物肉质果实的标本均采用此法保存。

1. 腊叶标本的制作和保存　植物经采集、压制成干标本以后，再进一步加工，装订在台纸上，就制成了一份腊叶标本。在装订前，通常要对压制好的干标本进行消毒处理，因为植物体上往往有虫子或虫卵在其内部，如不消毒，标本就会被虫子蛀食破坏。常用的消毒方法有 2 种：一种是氯化汞浸除法。用粉末状或晶体状的氯化汞溶于 95％的酒精中制成饱和溶液，称为原液。取 1 份原液与 9 份 95％的酒精混合后盛于搪瓷盘中，然后将压干的标本从吸水纸中取出放入盘中浸一下马上取出，再置于标本夹的吸水纸中压干。制作少量标本时，可用毛笔蘸氯化汞酒精液直接刷在标本的两面。氯化汞有剧毒，用时须加注意。另一种消毒方法是气熏法，即把标本放进消毒室或消毒箱内，将敌敌畏或四氯化碳、二硫化碳混合液置于玻璃皿内，再放入消毒室或消毒箱内，利用药液挥发来熏杀标本上的虫子或虫卵，约 3 d 后即可。

经过消毒并压干的标本，可以上台纸。台纸一般采用质地坚硬的道林纸或白板纸，切成标准尺寸（30 cm×42 cm）。首先将植物按自然姿态放在台纸上，直放或从左下方向右上方斜放，使左上角和右下角留出贴标签的位置。如标本过大，需加修剪，使其不露出台纸之外。幼苗标本要按从小到大的顺序排列，植株较小的，可在一张白纸上多放几个，放妥之后，用铅笔做一记号。然后再把标本反放在玻璃板上，用毛笔蘸少许桃胶（阿拉伯树胶）或白乳胶，直接涂在标本的背面，按预先设计位置粘贴在台纸上，并在上面放一张白纸或报纸，上方稍加压力，使标本全部紧贴在台纸上，待胶干后取出即可。

为了使标本能牢固地固定在台纸上，还要在标本的主茎、侧枝、主脉、果实等处，进一步用纸条或棉线进行装订固定。一般对标本比较细的部位，如草本植物的茎秆、复叶的总叶柄、叶柄、叶子的主脉等常采用纸条粘贴固定。纸条常用描图纸或玻璃纸等，裁成宽 0.4 cm、长 5～6 cm 的细条。粘贴前先用小刀在要贴纸条部位的两侧划 2 条平行的纵切口，然后将纸条跨过枝条的主茎或叶脉，纸的两端用小镊子或刀片穿入平行的切口中，在台纸背面把它们左右分开，再用白乳胶（或桃胶）把分开的两端粘贴在台纸上。

对茎叶粗硬的标本及果实或花序等，一般用针线进行装订固定。在较粗的枝上选 2～3 个固定点用针线缝上，然后再在小枝及较大的叶片主脉或果实、花序上也用线缝上。每缝一处，均在台纸背面打结，并把线剪断，使之不与第二个固定点相连，这样可防止在台纸背面拉线，避免数张标本叠在一起时上面的标本刮坏下面的标本。

标本装订完毕后，在右下角贴上鉴定标签（定名签），在左上角贴上野外记录签。标本经鉴定，填写标签后，可以分门别类地保存起来。如果标本的数量不多，可以收存在一般的柜子中；如果标本很多，则要设置标本柜存放或建立标本室保管。保存标本的柜内一定要放置樟脑和干燥剂，防虫、防潮、防霉变。存放标本的柜子，要放在通风干燥、不被日光直射的地方。

2. 浸制标本的制作和保存　植物的花、果或地下部分（如鳞茎、球茎等）必须浸泡在药液中，以供教学、陈列和科研之用。浸泡液包括一般溶液和保色溶液 2 种。

（1）一般溶液　有些花和果是用于实验的材料，可浸泡在 4％的福尔马林溶液中，也可浸泡在 70％的酒精溶液中。前者配法简单，价格便宜，但易于脱色；后者脱色虽比前者慢一些，但价格较贵。

FAA 溶液是一种简单的固定液，配方是：福尔马林 5 mL、70％酒精90 mL 和冰醋酸 5 mL。此溶液浸泡的材料将作切片用。

（2）保色溶液　保色溶液的配方很多，但到目前为止，只有绿色较易保存，其余的颜色都不稳定。这里简单介绍几种保色溶液的配方。

①绿色果实的保存配方：

配方Ⅰ		配方Ⅱ	
饱和硫酸铜溶液	75 mL	5％亚硫酸	1 mL
福尔马林	50 mL	甘油	3 mL
水	200 mL	水	100 mL

将材料在配方Ⅰ中浸泡 10～20 d，取出洗净后，再浸入 4％的福尔马林中长期保存。配方Ⅱ的使用方法则是先将果实浸在饱和硫酸铜溶液中 1～3 d，取出洗净后再浸入 0.5％亚硫酸中 1～3 d，最后在配方Ⅱ中长期保存。

②黄色果实的保存配方：

6％亚硫酸	268 mL
80％～90％酒精	568 mL
水	450 mL

直接把要浸泡的材料浸泡于此混合液中，即可长期保存。

③黄绿色果实的保存配方：先用 20％酒精浸泡果实 4～5 d，当出现斑点后，再加 15％亚硫酸，浸泡 1 d，取出洗净，再浸入 20％酒精中硬化、漂白，直到斑点消失后，再加入 2％～3％亚硫酸和 2％甘油，即可长期保存。

④红色果实的保存配方：

	配方Ⅰ		配方Ⅱ
福尔马林	4 mL	福尔马林	15 mL
硼酸	3 g	甘油	25 mL
水	400 mL	水	1 000 mL

	配方Ⅲ		配方Ⅳ
亚硫酸	3 mL	硼酸	30 g
冰醋酸	1 mL	酒精	132 mL
甘油	3 mL	福尔马林	20 mL
水	100 mL	水	1 360 mL
氯化钠	50 g		

先将洗净的材料浸泡在配方Ⅰ中24 h，如不发生混浊现象，即可放在配方Ⅱ、配方Ⅲ、配方Ⅳ的任一混合液中长期保存。

无论采用哪一种配方，在浸泡果实时，药液不可过满，以能浸泡材料为原则。浸泡后应用凡士林、桃胶或聚氯乙烯等黏合剂封口，以防止药液蒸发变干。

三、植物分类检索表的编制与应用

植物分类检索表是识别、鉴定植物的重要工具，查阅植物分类检索表可以初步鉴定某一植物所属的门、纲、目、科、属、种。植物分类检索表根据法国人拉马克的二歧分类法编制而成。当使用植物分类检索表时，首先要全面观察标本，将标本特征与查阅到的某一分类等级的特征进行全面核对，若两者相符合，则表示所查阅的结果是准确的。

（一）植物分类检索表的种类

植物分类检索表分为分门检索表、分纲检索表、分目检索表、分科检索表、分属检索表和分种检索表。可根据待鉴定植物的需要应用上述各种类或某些类别的检索表，如检索一种植物时，根据被检索植物的形态特征，可以鉴别出门和纲，那么只需要分科、分属、分种检索表就够了。常用的主要是分科、分属和分种检索表。

目前广泛采用的有2种检索表，即定距式（等距式）检索表和平行式检索表。

1. 定距式检索表　将每一对相对应的特征分开编排在距左边同等距离的地方，标以相同的项号，每一分支下边，相对应的2个分支较先出现的又向右低一字格，如此继续向下级描述，距离书页左边越来越远（描写行越来越短），直至描写到能够查出该植物的种为止。下面以恩格勒（A. Engler）1964年系统里毛茛属（*Ranunculus*）常见种的分种检索表为例，说明定距式检索表。

1. 水生植物；沉水叶细裂成毛发状；花白色 ……………………………………
………………………………………… 毛柄水毛茛 *R. trichophyllus* Chaix ex Vill.
1. 陆生植物；花黄色
  2. 叶为二回羽状分裂
    3. 茎直立，无匍匐枝；聚合瘦果椭圆形 ……………… 茴茴蒜 *R. chinensis* Bunge
    3. 茎斜升，具匍匐枝；聚合瘦果球形 ………………… 匍枝毛茛 *R. repens* L.
  2. 叶为掌状分裂
    4. 叶全部基生，无茎生叶；瘦果具纵肋
      5. 叶近圆形或肾形，边缘具 3～10 个圆齿；花小，直径约 8 mm ………
………………………………… 圆叶碱毛茛 *R. cymbalaria* Pursh
      5. 叶卵形或卵状椭圆形，通常仅先端具 3～5 个钝齿；花大，直径 20 mm ……
……………………………… 长叶碱毛茛 *R. ruthenicas* Jacq.
    4. 叶有基生叶和茎生叶；瘦果平滑
      6. 基生叶近楔形，3 深裂 ……………… 楔叶毛茛 *R. cuneifolius* Mar.
      6. 基生叶近圆形，掌状浅裂至深裂
        7. 聚合瘦果长圆形；花小，直径 6～8 mm …………………………
………………………………… 石龙芮 *R. sceleratus* L.
        7. 聚合瘦果球形；花较大，直径 17～23 mm
          8. 茎较粗；聚伞花序着生多数花 …… 毛茛 *R. japonicus* Thunb.
          8. 茎细；花少数…… 草地毛茛 *R. japonicus* Thunb. var. *partensis* Kitag.

2. 平行式检索表　平行式检索表是把每一对显著对立的植物特征并列，在其前写上同样的编码，每一条后面注明往后查的号码或植物名称。以毛茛属（*Ranunculus*）常见种的分种检索表为例，说明平行式检索表。

1. 水生植物；沉水叶细裂成毛发状；花白色 …………………………………
………………………… 毛柄水毛茛 *R. trichophyllus* Chaix ex Vill.
1. 陆生植物；花黄色 ………………………………………………………… 2
2. 叶为二回羽状分裂 ………………………………………………………… 3
2. 叶为掌状分裂 ……………………………………………………………… 4
3. 茎直立，无匍匐枝；聚合瘦果椭圆形 ……………… 茴茴蒜 *R. chinensis* Bunge
3. 茎斜升，具匍匐枝；聚合瘦果球形 ………………… 匍枝毛茛 *R. repens* L.
4. 叶全部基生，无茎生叶；瘦果具纵肋 …………………………………… 5
4. 叶有基生叶和茎生叶；瘦果平滑 ………………………………………… 6
5. 叶近圆形或肾形，边缘具 3～10 个圆齿；花小，直径约 8 mm …………
………………………………… 圆叶碱毛茛 *R. cymbalaria* Pursh
5. 叶卵形或卵状椭圆形，通常仅先端具 3～5 个钝齿；花大，直径约 20 mm ……
………………………………… 长叶碱毛茛 *R. ruthenicas* Jacq.

6. 基生叶近楔形，3 深裂 ························ 楔叶毛茛 *R. cuneifolius* Mar.

6. 基生叶近圆形，掌状浅裂至深裂 ······································· 7

7. 聚合瘦果长圆形；花小，直径 6～8 mm ······· 石龙芮 *R. sceleratus* L.

7. 聚合瘦果球形；花较大，直径 17～23 mm ······························ 8

8. 茎较粗；聚伞花序着生多数花 ·············· 毛茛 *R. japonicus* Thunb.

8. 茎细；花少数·············· 草地毛茛 *R. japonicus* Thunb. var. *partensis* Kitag.

（二）植物分类检索表的编制方法

植物分类检索表是根据二歧分类原则编制的。具体地说，是将植物的关键特征进行比较，抓住区别点，先从最大的类别将植物区别开来，比如裸子植物、被子植物和蕨类植物等；然后再把相同特征的植物归在一项下，不同的归在另一项下。在相同的项下，以不同点分成相对应的两项，严格按照二歧分类原则逐级分下去，直至分出所应包含的全部植物为止。为了便于使用，各分支按其出现先后顺序，前边加上一定的顺序数字，相对应的两个分支前的数字或符号应是相同的。

植物分类检索表编制是采取"由一般到特殊"或"由特殊到一般"的原则。例如，首先将所采到的地区植物标本进行有关习性、形态上的记载，将根、茎、叶、花、果实和种子的各种特点进行详细的描述和绘图，在深入了解各种植物特征之后，找出相互差异和相互显著对立的特征，依主、次要特征进行排列，将全部植物编制成不同的门、纲、目、科、属、种等分类单位的检索表。

（三）植物分类检索表的使用及注意事项

植物分类检索表的使用和编制是两个相反的过程。使用植物分类检索表鉴定植物时，要经过观察、检索和核对 3 个步骤。另外，检索者应具备一定的植物形态学知识，还需要有几份较完整的标本。

观察是鉴定植物的前提。当鉴定一种不知名植物时，首先必须对它的各个器官的形态（尤其是花和叶的形态）进行细致的观察，然后才有可能根据观察结果进行检索和核对。观察项目：①生活型，指乔木、灌木、藤本、草本等。如果是乔木，要观察是常绿还是落叶；如果是草本，要观察是一年生、二年生还是多年生。②根，主要指草本植物根的类型、变态根的有无及其类型。③茎的习性和茎的高度、分枝特点、树冠形状、变态茎的有无及其类型。④叶，包括单叶或复叶、叶序类型、托叶有无、叶的长度、叶序形状大小和质地、叶片各部分的形态。⑤花，包括花序类型、花的性别、花的对称性、花的各部分是轮生或螺旋生、萼片形态、花瓣形态、雄蕊形态、雌蕊形态。⑥果实，包括类型、大小、形状和颜色。⑦种子，包括数目、形状、颜色以及胚乳有无。⑧花期和果期。⑨生活环境及其类型等。

检索是识别植物的关键步骤。对一种不认识的植物，根据观察的结果，可先用地方植物志、地方植物检索表或《中国高等植物科属检索表》等工具书，查出科与属，然后再用该属分类检索表查出该种植物的名称。各级检索表的检索方法一样。例如，用上述分种检索表鉴定或查找这样一种植物，其特征为：陆生植物，花黄色，叶为掌状分裂，茎直立，无匍匐枝，聚合瘦果椭圆形。根据上述特征，首先在分科、分属检索表中确定为毛茛科、毛茛属之后，直接查种的检索表。在定距式检索表上参看前面毛茛属分种检索表，由于该植物为陆生植物，符合第二个"1"项所给出的特征而非第一个"1"项所属的类群。又因其叶为掌状分裂是第二个"2"项中给出的特征，依次往后查，茎直立，无匍匐枝，聚合瘦果椭圆形，此特征符合第一个"3"项，所以它为茴茴蒜。

核对是为了防止检索有误。核对的方法是把植物的特征与植物志或图鉴中的有关形态描述的内容进行对比。植物志中有科、属、种的文字描述，而且附有插图，在核对时，不仅要与文字描述进行核对，还要核对插图。在核对插图时，除了应注意外形上是否相似外，尤其应该重视解剖图的特征，因为后者往往是该种植物的关键。

为了保证正确鉴定，一定要防止先入为主、主观臆断和倒查，要遵照以下几点去做：

①标本要完整。除营养体外，要有花、有果，特别是要看清楚花的各部分特征。

②鉴定时，要根据观察到的特征，从头按次序逐项往下查。在看相对的两项特征时，要看到底哪一项符合要鉴定的植物特征，要顺着符合的特征一项一项查下去，直到查出为止。因此，在鉴定的过程中，不允许跳过一项而去查另一项，因为这样做特别容易发生错误。

③检索表的结构都是以两个相对的特征编写的，而两项号码相同，排列的位置也相对称。故每查一项时，其相对的一项也要看，然后再根据植物的特征确定哪一项符合，如果只看一项就确定，极易发生错误。只要查错一项，将会导致整个鉴定工作出现错误。

④为了证明鉴定的结果是否正确，还应查找有关专著或相关的资料进行核对，看是否完全符合该科、该属、该种的特征，植物标本上的形态特征是否和资料上的图、文一致。如果完全符合，证明结果正确，否则，还需加以研究，直至完全正确为止。

四、标本数字化技术

植物标本是植物学家长期从事科研活动的积累和人类自然遗产的永久记录之一，是研究物种的分布及其历史、现状、系统演化的证据。植物标本馆是收集和保存植物标本的场所。在过去，科研工作者需要根据不同目的亲自到各个植物标本馆查阅相关标本。随着网络信息技术的快速发展，标本馆标本的信息化及共享化成为可能。由科技部"国家科技基础条件平台"项目资助的"中国数字植物标本馆"（CVH）（http：//www.cvh.ac.cn/），可为不同需求的用户提供标本数据查询和数据共享服务，其参与建设单位包括中国科学院和地方科学院及一些高等院校，基本上包含了我国主要和重要的标本馆，共享了超过1/3的全国植物标本量。如今，植物标本数字化工作及数字植物标本馆建设已成为大多数标本馆的日常工作之一。

植物标本数字化主要包括标本信息标签（采集信息、鉴定信息）数字化、标本影像采集以及标本信息录入3个方面内容。

（一）标本信息标签（采集信息、鉴定信息）数字化

进入数字化环节的标本应为植物腊叶标本，它是将带有花、果的植物压平、干燥、定型，固定在台纸上的一类兼具科研和科普展示用途的植物标本。标本需符合"三有标本"原则，即有花果、有采集信息和有学名。

1. 有花果　种子植物标本要带有花或果（种子），蕨类植物要有孢子囊群，苔藓植物要有孢蒴，以及其他有重要形态鉴别特征的部分。

2. 有采集信息　台纸上贴有采集记录签，标本上挂有号牌。标本自身信息完整，采集记录签上至少要写有采集人、采集号、采集日期（年、月、日）、采集地（国家、省份、区县、小地点）、生境、海拔、经纬度和植物性状描述（花、果、植物高度和颜色等），号牌上的采集人、采集号、采集日期要与采集记录签记录一致。

3. 有学名　所有数字化标本需由植物学工作者进行分类鉴定，并保证绝大多数标本鉴定到种的水平，鉴定签上写有植物拉丁学名、鉴定人和鉴定时间。

（二）标本影像采集

1. 对要拍摄的标本进行整理　确保标本信息的完整性，标本需符合"三有标本"原则。

2. 贴条形码　在标本台纸适当位置粘贴条形码。条形码由标本馆馆代码和一长串数字组成，是每份植物标本的身份证，也是数字化平台用于标本管理与查找的有效编码。条形码要求打印清晰、粘贴牢固不脱落。

3. 选择拍摄环境　拍摄环境应尽量避免室外或室内其他环境光线的干扰。

4. 设备搭建　基础拍摄设备包括翻拍架、摄影灯、单反数码相机和与相机连接的电脑。拍摄标本必须使用 2 000 万像素及以上的数码相机，以保证标本照片尺寸在 1 800 万像素或以上。需在标本台纸上放置用于白平衡调试及后期色彩比对调节的色卡和用于标定影像内植物形态性状尺寸的标尺，两者的摆放位置以不遮挡标本为宜，且位置相对固定。

5. 标本拍摄　标本图像的获取是标本数字化中的关键步骤，方便不同人在不同地点远距离查阅标本，其影像信息在数字化平台的构建中具有重要价值。标本拍摄工作主要包括翻拍架、灯光、相机的布设，相机与电脑的连接，相机调试，批量翻拍及照片后期处理等一系列步骤。

翻拍架能够保证相机的承重和稳定性，并且具有足够的悬臂高度和稳定的相机高度调节摇臂，使相机每次固定后不会轻易位移，降低震动带来的拍摄影响。灯光的布设以标本能接受四周均匀并且足够的光照为原则，翻拍台周围尽可能避免多余反光物和外来光源，以避免标本的受光不均匀。为了增加标本的拍摄效率，通常需要将相机与电脑连接，使拍摄数据即时传至电脑，也使得电脑能够控制相机的工作。

每份数字化标本至少拍摄一张照片，需包括标本本身和各类标签。拍摄者应珍惜每一份标本，不能使标本受到任何不必要的损坏。所摄照片要求成像清晰、白平衡准确、色彩自然，亮度、景深和对比度适合。

标本画面的清晰度指在百分之百画面放大的情况下对标本实物的解析度，在拍摄植物标本时，正确对焦对展示植物标本的各部分细节及层次、拍摄主体的清晰度至关重要。白平衡参数设置是对拍摄画面色彩的一种控制模式。在标本翻拍中，通过正确的白平衡模式能够使拍摄对象的本色在最大程度上获得还原。色彩是照片画面所呈现的整体颜色，所拍摄的标本色彩应尽可能忠实于标本实物自身的颜色。亮度是画面的曝光程度，画面过暗或者过亮都会影响标本细节在照片上的展现。景深指的是所拍摄图像清晰的前后距离，在拍摄具有凹凸高低特点的标本时，应利用景深控制尽可能将标本前后上下的细节清晰展现。对比度指所拍摄对象的明暗对比关系，过低或者过高都会导致标本细节不清、画面整体不协调，合适的对比度对一些颜色过浅或者过深的高反差标本极为重要。

后期处理的内容为照片的裁剪和命名。裁剪是将照片里多出台纸的部分进行的裁剪，要求每一张照片只留下包含整份标本的图像。每一份标本照片的命名要求格式统一，格式均为馆代码＋一串数字（流水号或登记号），即条形码。

（三）标本信息录入

使用由"中国数字植物标本馆"（http：//www.cvh.ac.cn/）开发的 Ginkgo-s 软件进行录入，可在官方网站免费下载使用。Ginkgo-s 是小型标本数据管理软件，主要用于个人和小型标本馆的标本数据管理工作，具有数据录入、修改、统计等功能，能够适应一般性标本数据采集工作，录入的数据导出后可直接导入主数据库中。

标本信息录入是数字化工作的最后一步，应由专门的录入人员完成。录入要完全忠实于原来标本上的信息资料，按照每张照片采集签及鉴定签上的内容逐一录入，录入所得数据要与标本照片中的标签信息相符，尽量避免录入中的错误和遗漏，其准确率应在 95% 以上。

录入字段主要包括：馆代码、条形码、标本状态（有花有果、有花无果、无花有果、有孢子囊等）、采集人、采集号、采集日期（年、月、日）、采集地（国家、省份、区县、小地点）、生境、海拔、经纬度、标本性状（习性、体高、直径、茎、叶、花、果、寄主）、鉴定人、鉴定日期、分类信息（科名、属名、种名、命名人、种下等级、种下等级命名人）及中文名等。

（四）数字化植物标本的应用

标本是某个物种在某个时间和地点存在的第一手证据，是分类学家进行传统分类学修订、物种志书及名录编纂、物种地理分布图绘制等工作的凭据。物种的研究决定着从宏观的全球生态系统至微观的 DNA 分子构造等全部内容，更与农业、能源、信息、环境、人口与健康以及可持续发展等问题的研究密切相关。

随着植物标本数字化工作的积累和中国数字植物标本馆建设的推进，大量标本信息和专业数据可以被访问。这些资源信息有效支撑了三峡水淹区生物多样性调查、濒危物种评估、保护区的有效性、环境评估、入侵种预测、气候变化、国家重点野生植物分布、中医药植物分析等相关领域的科研项目。

附　录

1. 国内外主要植物标本馆（相关博物馆）

（1）中国科学院植物研究所标本馆　中国科学院植物研究所标本馆（标本馆代码：PE）位于国家植物园内，建筑面积约 1.1 万 m²。截至 2021 年 12 月，馆藏植物标本约 295 万份，其中腊叶标本 280 万份、种子标本 8 万份、化石标本 7 万份，包括模式标本 2.1 万余份，涵盖 1 万多个分类群。它是亚洲最大的植物标本馆，也是研究亚洲植物的最重要的植物标本馆之一。

中国科学院植物研究所标本馆是开展亚洲植物研究、资源开发利用及生物多样性保护等工作的重要平台，不仅支撑了全球最大的植物专著《中国植物志》编研，而且是国家战略生物资源的重要保存中心，同时是中国植物多样性保藏馆和中国近代植物学史的记忆载体。它具有重要的国际影响力，在对外交流、标本国际交换等方面已与 41 个国家和地区的 100 多家标本馆建立了业务联系，收集了来自世界上 141 个国家和地区的标本约 30 万份，为多个国家培养了分类学人才。

（2）中国科学院昆明植物研究所标本馆　中国科学院昆明植物研究所标本馆（标本馆代码：KUN）位于昆明市的北郊黑龙潭风景区，建筑面积约 6 169.26 m²，馆藏标本超 150 万份，以我国西南地区为标本收藏中心，采集覆盖全国、辐射东南亚等地区。

中国科学院昆明植物研究所标本馆是我国第二大植物标本馆，是具有国际知名度的区域性标本馆，在我国植物分类、生物地理及生物多样性保护等研究领域中具有重要的学术地位，由我国现代植物学奠基人之一的胡先骕先生于 1938 年创建，并在蔡希陶、汪发缵、郑万钧、俞德浚、吴征镒等多位植物学家的辛勤耕耘下，历经 80 多年的持续积累而形成至今规模。

目前，中国科学院昆明植物研究所标本馆收藏的标本包括种子植物 90 万份（被子植物 82.3 万份、裸子植物 0.7 万份和副号标本 7 万份）、蕨类植物 2 万份、苔藓植物 11 万份、大型真菌 4 万份、地衣 2.3 万份和木材 0.6 万份，为《中国植物志》《云南植物志》、*Flora of China*（《中国植物志》英文修订版）等志书编纂奠定了坚实的资料基础，也为当前《泛喜马拉雅植物志》《中国真菌志》《中国地衣志》的编研以及国家重大科研项目的实施提供了重要的科技支撑。

（3）中国科学院华南植物园标本馆　中国科学院华南植物园标本馆（标本馆代码：IBSC）位于广州市华南植物园内，建筑面积 5 600 m^2，馆藏标本超过 115 万份，以热带亚热带植物标本为主。

中国科学院华南植物园标本馆是国内最早的植物标本馆之一，是著名的植物学家陈焕镛院士于 1928 年创建（当时是中山大学农林植物标本室），本馆收藏最早的标本距今已有 170 多年的历史。

目前馆藏热带亚热带植物标本主要有种子植物 87 万份、苔藓植物 4 万份、蕨类植物 4 万份、模式标本超 7 000 份、复份标本近 20 万份、液浸标本 6 400份。另外，本馆收藏的东南亚国家（印度尼西亚、马来西亚、菲律宾、越南、老挝、柬埔寨等国）的植物标本占本馆标本的 8%。

（4）法国国家自然历史博物馆　法国国家自然历史博物馆（标本馆代码：P）位于巴黎，于 1635 年建立，拥有馆藏标本 1 050 万份。巴黎植物园只是法国国家自然历史博物馆的一部分，占地 28 hm^2，是法国的主要植物园之一，其中保存了大量重要的植物标本，约有 800 万份。

（5）俄罗斯科学院科马洛夫植物研究所　俄罗斯科学院科马洛夫植物研究所（标本馆代码：LE）收藏植物标本约 700 万份，其中维管植物约 600 万份，以苏联等地区的植物为主，遍及全球各大洲，也包括早期采自中国东北、西北和华北等地的标本。

2. 国内外主要植物园

（1）英国邱园　邱园是世界上著名的植物园之一，也是植物分类学研究中心。邱园拥有世界上已知植物的 1/8，将近 5 万种植物，收藏种类之丰，堪称世界之最。1853 年建成的植物标本馆收藏标本约 700 万份，代表了地球上近98% 的属，其中模式标本有 35 万份；于 1879 年建成的真菌标本馆，收集了80 万份真菌标本，其中模式标本 3.5 万份；2000 年建成了千年种子库，收集保存了全球 2.4 万份重要的和濒危的种子。

（2）美国密苏里植物园　密苏里植物园于 1859 年建成，是美国最古老的植物园之一，现有面积 874 hm^2，展示温室 19 栋，其中 6 栋为繁殖研究温室。植物园里有玫瑰园、杜鹃园、沙漠植物园、植物生态园、多肉植物园等各类专园。此外，其植物标本室拥有 300 万份腊叶标本，是美国第三大标本室。

（3）中国科学院西双版纳热带植物园　中国科学院西双版纳热带植物园始建于 1958 年，位于中国云南省西双版纳傣族自治州勐腊县，是我国面积较大、收集物种较丰富、植物专类园区较多的植物园，也是集科学研究、物种保存和科普教育为一体的综合性研究机构和风景名胜区。植物园收集活植物超 1.2 万种，建有 38 个植物专类区，同时还保存有面积约 2.5 km^2 的原始热带雨林。

（4）中国科学院武汉植物园　中国科学院武汉植物园成立于 1958 年，位于中国湖北省武汉市武昌区，是集科学研究、物种保存和科普教育为一体的综合性科研机构，是中国三大核心科学植物园之一。该园收集保育植物资源接近 12 万种，具有世界上涵盖遗传资源最广的猕猴桃专类园、东亚最大的水生植物专类园、华中最大的野生果树专类园、华中古老孑遗和特有珍稀植物专类园、华中药用植物专类园等 17 个特色专类园。

（5）国家植物园　国家植物园成立于 2022 年，位于北京，是在中国科学院植物研究所和北京市植物园现有条件的基础上，经过扩容增效有机整合而成，总规划面积近 600 hm²。国家植物园坚持国家代表性和社会公益的理念，充分发挥植物迁地保护和科学研究的核心功能。计划重点收集三北地区乡土植物、北温带代表性植物、全球不同地理分区的代表植物及珍稀濒危植物 3 万种以上，收藏五大洲代表性植物标本 500 万份，建成 20 个特色专类园、7 个植物进化展示区和 1 个原生植物保育区。还将同上百个国家的植物园和专业机构建立合作关系，搭建国际综合交流分享合作平台，努力建设中国特色、世界一流的国家植物园。

3. 国家标本资源共享平台　国家标本资源共享平台（National Specimen Information Infrastructure，NSII）包括植物标本、动物标本、教学标本、保护区生物标本、岩矿化石标本和极地标本 6 个子平台。截至 2022 年 12 月，该平台整合了生物类标本、岩矿化石类标本和极地标本数据 1 644 余万份，标本图片 682 余万张，彩色图片 1 817 余万张，视频 2 884 段，上线的文献扫描约 10.3 万册。

4. 基于虚拟实景的植物学分类实习教学系统　"基于虚拟实景的植物学分类实习教学系统"是由沈阳农业大学自主研发，以校园植物为素材，构建的植物学分类教学辅助系统。通过虚拟 VR 现实技术，利用学生熟悉的校园，按照校园植物的分布特点，设置实习路线。对叶之帆、复旦园、克威园等 33 个主要场景，进行 720°全景浏览，每个场景包含了 4～8 种植物的介绍，以图文并茂的形式对植物形态特征和应用进行了详细的描述，每张图片均为课程组教师原创拍摄，并配有主讲教师的语音讲解，学生可以通过点击"脚印"标识或者"下一个场景"功能按钮，完成既定路线的学习，也可以通过地理位置导航实现场景的随机切换，导航路径可选，方便实用。该系统创造一种沉浸式虚拟学习环境，充分调动学生积极性，吸引学生自发性学习，成为提高植物学实习教学效果的重要途径，真正体现植物学实习这一教学环节的重要作用。

系统支持电脑端和手机端，手机端网址为 http：//pano. syau. edu. cn/view/zwfldh1/，电脑端网址为 http：//pano. syau. edu. cn/view/zwfldh/。学

生直接点击网址即可进入学习，无需下载 APP。

5. 基于微信小程序的植物学实验教学辅助系统　"植物学实验"小程序，是由沈阳农业大学以植物学实验课程为素材，构建的植物学课程微信小程序教学辅助系统。"植物学实验"小程序进入端口方便快捷。该系统的优点：微信扫描二维码，或直接搜索"植物学实验"即可进入，登录即可使用，无需下载 APP；系统兼容性好，各版本电脑与手机均可使用；资源获取与课堂同步，能快速调取课程资源，学生与教师进行互动，教师能及时回复学生；纠错视频强化关键实验环节，将学生在实验中易犯的常见错误操作制作成纠错视频，让学生对照视频检查自己的实验过程，避免发生类似问题。

"植物学实验"小程序包括课程要求、课件、教师操作示范视频、学生纠错视频、师生互动等多个模块。学生利用该小程序可以随时随地调取课程资源，与老师交流互动，提高学习效率。老师可以通过小程序，了解学生对实验操作的掌握程度，完善教学过程，并获得教学启示。同时，在小程序的发现栏目上传了植物学当前的研究热点、重要人物等相关知识，可以拓宽学生视野、提升学生素养、激发学习兴趣。

参 考 文 献

贺学礼，2005. 植物学实验实习指导 ［M］. 北京：高等教育出版社.

胡宝忠，胡国宣，2002. 植物学 ［M］. 北京：中国农业出版社.

胡适宜，2016. 植物结构图谱 ［M］. 北京：高等教育出版社.

姜在民，易华，2016. 植物学实验 ［M］. 杨凌：西北农林科技大学出版社.

金银根，何金玲，2019. 植物学实验与技术 ［M］. 北京：科学出版社.

李杨汉，1991. 植物学 ［M］. 上海：上海科学技术出版社.

林凤，崔娜，2010. 植物学实验 ［M］. 北京：科学出版社.

林凤，邵美妮，2007. 高等种子植物分类学野外实习指导 ［M］. 北京：中国农业大学出
　　版社.

刘穆，2006. 种子植物形态解剖学导论 ［M］. 3 版. 北京：科学出版社.

刘宁，刘全儒，姜帆，等，2018. 植物生物学实验指导 ［M］. 北京：高等教育出版社.

庞延军，朱昱萍，杨永华，2013. 植物科学实验 ［M］. 北京：科学出版社.

邵小明，刘朝辉，2020. 植物生物学实验 ［M］. 3 版. 北京：高等教育出版社.

徐汉卿，1996. 植物学 ［M］. 北京：中国农业出版社.

姚家玲，2017. 植物学实验 ［M］. 3 版. 北京：高等教育出版社.

叶创兴，冯虎元，2006. 植物学实验指导 ［M］. 北京：清华大学出版社.

张春宇，范海延，2007. 植物学实验指导 ［M］. 北京：中国农业大学出版社.